微课实战
Camtasia Studio
入门精要

于化龙 沈婷婷 郝雨 著

人民邮电出版社

北 京

图书在版编目（CIP）数据

微课实战：Camtasia Studio入门精要 / 于化龙，
沈婷婷，郝雨著. -- 北京：人民邮电出版社，2017.3（2022.7重印）
ISBN 978-7-115-44551-3

Ⅰ. ①微… Ⅱ. ①于… ②沈… ③郝… Ⅲ. ①图形软
件 Ⅳ. ①TP391.41

中国版本图书馆CIP数据核字(2017)第024642号

内 容 提 要

近年来微视频技术发展迅速，以5～15分钟教学微视频为核心，整合了知识学习、练习、作业、测验、调查等内容的微课，备受各层次教育工作者和广大师生的青睐。

本书围绕微视频制作技术这一主线，对微视频开发软件 Camtasia Studio 的诸多功能进行了详细介绍，各章完整的案例有助于读者进一步掌握微视频制作技术以及相关的辅助技术和支撑理论。最后的综合案例部分将全书的内容融会贯通，使读者能够更全面、更系统地掌握微视频制作的理论、技术、流程与方法。

本书是大中专院校教师开发微视频教学资源很好的参考书，可作为大中专院校相关专业的教材，同时对企业员工培训、产品展示宣传等方面的微视频制作也具有参考价值。

◆ 著　　　　于化龙　沈婷婷　郝　雨
　　责任编辑　王峰松
　　责任印制　焦志炜

◆ 人民邮电出版社出版发行　　北京市丰台区成寿寺路 11 号
　　邮编　100164　　电子邮件　315@ptpress.com.cn
　　网址　http://www.ptpress.com.cn
　　北京虎彩文化传播有限公司印刷

◆ 开本：787×1092　1/16
　　印张：10.5　　　　　　　　　2017 年 3 月第 1 版
　　字数：276 千字　　　　　　　2022 年 7 月北京第 9 次印刷

定价：69.80 元

读者服务热线：(010)81055410　印装质量热线：(010)81055316
反盗版热线：(010)81055315

前言

近些年，微视频技术快速发展并被广泛应用。通过互联网看 5 ～ 15 分钟的微视频获取知识、提高技能、解决问题，成为人们的喜好。以 5 ～ 15 分钟教学视频为核心，整合了知识学习、练习、作业、测验、调查等内容的微课，备受广大教师和学生的青睐。微视频技术在各层次教育的教学模式改革、优质教学资源建设等方面，发挥了积极推动作用并取得明显成效。

Camtasia Studio 8.5 是一款当前非常好的制作微视频的软件。它功能强大，操作简单，被广泛应用于教学、培训、销售等领域。它的主要功能包括：录制视频、编辑各种视频素材；视频素材特效处理、转场效果、标注、光标效果等；制作画中画、交互视频、测验与调查；视频配音、音频编辑、音频效果以及音、画、字幕同步；生成单机版、iPod 与 iPhone 版及网络视频作品等。

本书以微视频制作技术的研究为主线，通过案例设计与实现渗透了教育技术的相关理论，体现了对新技术与新教学理念融合的再认识，主要体现了 3 个基本观点。一是微视频的制作教育性、系统性、艺术性极强，必须以教与学理论、视听教育理论、媒体理论、教学设计理论等为理论支撑，才能科学、合理、有效地设计、制作与应用微视频。二是微视频制作工具较多，从技术实现来看殊途同归，选择功能强大、操作简单、软硬件要求适度的开发工具，是非技术人员最佳的选择。三是掌握设计开发微视频资源的技术，并能够将新技术、新教学理念有效融合，需通过一定量的案例来理解与领悟。本书给出大量案例，旨在帮助读者全面、深入地理解理论，掌握技术，提高实战能力，满足工作需要。

全书内容包括 16 章。第 1 章 Camtasia Studio 概述，详细叙述了软件的发展历程及对文件的管理模式；第 2 章录制视频，详述了软件录制屏幕、录制 PPT 及摄像头录制外部画面的方法；第 3 章剪辑箱与第 4 章库，详述了软件对媒体资源管理的模式；第 5 章预览窗口与画布，介绍了预览窗口的功能，在画布上编辑媒体的方法；第 6 章时间轴，详述了时间轴的工具栏、刻度尺、播放头、轨道、视图以及时间轴上媒体的编辑方法；第 7 章音频，介绍了录制语音旁白的方法，音频音量、音效设置及消除噪声；第 8 章效果，详述了片断媒体间的过渡效果、特效镜头以及动画的制作；第 9 章字幕，介绍了添加标题与制作片头（尾），详述了字幕、音频、画面的同步；第 10 章标记，介绍了标记的使用及交互视频的制作；第 11 章标注，介绍了标注的类型及在制作视频中的运用；第 12 章画中画，介绍了画中画视频的录制、编辑与生成；第 13 章光标效果，介绍了录制屏幕或 PPT 时，光标效果的使用；第 14 章测验或调查，详述了视频中测验与调查制作、发布与应用；第 15 章生成和分享，介绍了视频生成与分享的步骤及相关参数。第 16 章综合案例，给出了综合运用 CS 软件制作微课的几个完整案例，使读者通过此章案例对 CS 软件功能有全部、系统的进一步了解。

另外，每章后均配有几个完整小案例，读者在掌握微视频制作技术的基础上，会从案例中了解微视频的相关支撑理论（前面提及的教学理论、视听教育理论、媒体理论、教学设计理论等）以及其他相关辅助（如 PS 处理图片、Audition 处理音频、Flash 制作动画、格式工厂等）技术。

本书全部案例运用到的素材，包括图片、音频、视频、动画等资源，按章统一保存，均存放于每个案例文件夹中。读者若需要这些素材,可登录人民邮电出版社异步社区(www.epubit.com. cn),免费注册后下载。读者阅读案例时,能够运用这些素材,参照案例中的操作,轻松掌握技术。

虽然我们编写本书时已尽力而为,但书中难免存在疏漏与不足,期待专家与读者提出宝贵意见,我们将不断修正和完善。

作　者

2016 年 9 月

目录

第12章 画中画

第13章 光标效果

第14章 测验或调查

第15章　生成和分享视频

第16章　综合案例

第1章

Camtasia Studio 概述

近些年，以 5 ～ 15 分钟教学视频为核心，整合了知识学习、练习、作业、测验、调查等内容的微课，备受各层次教育广大教师和学生的青睐。

当前，微课开发软件层出不穷，功能各异。Camtasia Studio 8.5 是一款制作微课非常好的软件。它功能强大、操作简单，被广泛应用于教学、培训、销售等领域，其主要功能包括：录制视频、编辑各种视频素材；视频素材特效处理、转场效果、标注、光标效果等；制作画中画、交互视频、测验与调查；视频配音、音频编辑、音频效果以及音、画、字幕同步；生成单机版、iPod 与 iPhone 版及网络视频作品等。

1.1　Camtasia Studio 基础知识

1.1.1　Camtasia Studio 的特点

Camtasia Studio（以下简称 CS）这款软件提供了从屏幕录像、视频编辑、视频转换到生成发布视频等一系列的全程解决方案。CS 支持在任何显示模式下录制屏幕图像、操作鼠标并同步进行音频录制。录制完成后，运用 CS 内置的强大视频编辑功能对视频进行剪辑、修改、解码转换及添加特殊效果等操作。

Camtasia Studio 软件有以下几个主要特点。

1. 操作简单，容易上手

CS 软件界面简单、模块清晰、按钮明确，便于学习者学习与运用该软件，很快就可以制作出属于自己的精彩视频。

2. CS 软件功能强大

CS 软件具有录制视频、编辑视频、对音频自动降噪、音视频分离、制作视频画中画等功能。

3. 保存画质清晰

CS 的最大特点就是可以在鼠标单击的关键处，即输入文本或触发事件的地方，它会自动放大该区域的画面，可清晰看到输入的文本或动作，而且保存的视频文件画面非常清晰。

1.1.2　Camtasia Studio 的应用领域

1. 教学应用

教学涉及教师的教与学生的学，教师改变教学内容的呈现方式和学生改变学习资源的获取方式是当前教学改革中的热点问题，针对此问题热研的翻转课堂，其实现关键是微视频的制作技术。CS 软件就是教师制作教学视频、微视频的良好工具。教师运用此软件将高质量的教学设计、教学过程等录制为微课，实现课堂的翻转，从而改变传统教学模式并提高教学质量。

学生可在任何时间、任何地点，通过微视频的学习、思考，对知识有初步的认识与理解，找出不懂的知识点，然后通过课堂的学习加深理解并解决问题，从而提高学习效率，增强学习效果。

2. 培训应用

公司运用 CS 制作员工培训视频，对职工或新入职员工进行职业技能培训，既节省人力、物力、财力，又会收到良好的效果。

3. 销售应用

通过运用 CS 软件制作微视频，销售人员可以向客户直观展示自己的产品或售后服务等。

运用 CS 制作视频的应用领域很多，不一一例举。

1.1.3　Camtasia Studio 的使用流程

运用 CS 软件，通常需要经过以下几个步骤。

（1）软件的下载、安装。

（2）运用软件录制视频，包括录制屏幕、录制 PPT、录制窗口和录制指定区域等。

（3）编辑视频，包括视频编辑、音频编辑以及添加效果等。

（4）生成与发布视频。

1.2　Camtasia Studio 软件的版本

目前，Camtasia Studio 软件有 Camtasia Studio 4.0、Camtasia Studio 6.0 和 Camtasia Studio 8.5 等多个版本。下面就各版本做一简要介绍。

1.2.1　Camtasia Studio 4.0 简介

Camtasia Studio 4.0 版整体运用较好，迄今为止没有任何漏洞；界面相对而言没有那么华丽、漂亮；功能与 Camtasia Studio 6.0 版基本相同；Camtasia Studio 4.0 版占用系统资源更小，运行更流畅。

1.2.2　Camtasia Studio 6.0 简介

Camtasia Studio 6.0 版有两个版本，分别是英文原版和汉化版。国内使用较多的是 Camtasia Studio 6.0 汉化版。

1. Camtasia Studio 6.0 英文原版

该版与 Camtasia Studio 4.0 版相比，界面更加漂亮，按钮设计更加人性化，更符合人们的使用习惯；同时增加了 5 个过渡效果，其他功能没有更新。

2. Camtasia Studio 6.0 汉化版

Camtasia Studio 6.0 版汉化很齐全，具备 Camtasia Studio 6.0 英文版的全部功能。

1.2.3　Camtasia Studio 8.5 简介

Camtasia Studio 8.5 版有以下几个特点：一是功能更加强大，但运行占用系统资源比较大，对计算机的性能要求高；二是时间轴支持任意数量音 / 视频轨道，包括视频、音频、图片等；三是支持从 X、Y、Z 三轴旋转视频及设置旋转动画，能够实现交互视频；四是界面做出了调整，使操作更加人性化。

1.2.4　Camtasia Studio 漏洞

Camtasia Studio 4.0 相对来说比较成熟，没有漏洞。

Camtasia Studio 6.0 英文版与汉化版都有一个共同的漏洞，即在保存文件时如果切换输入法，无论是按 Ctrl+Shift 快捷键还是用鼠标单击，都会造成死机。因此，在保存文件时要以英文、数字等命名文件，保存文件后再对文件更名是解决此漏洞的方法。

CS 6.0 汉化版还有一个漏洞，即在剪辑间设置过渡效果时，若运用鼠标右键单击的快捷菜单会造成软件自动退出。因此，该版本不能对过渡效果进行细化设置，包括过渡效果的时间等。

1.3 软件安装

1.3.1 Camtasia Studio 软件下载

该软件的各版本可在官方网站（http://www.techsmith.com）下载。

1.3.2 Camtasia Studio 软件安装

软件从官方网站下载后，将压缩文件运用压缩软件（如 Winzip）解压缩。执行文件夹中的 Camtasia Studio 8.5 安装程序，依据提示即可完成软件的安装。

安装过程中需要注意两点：一是提问你是否集成 PowerPoint，此时你可以选择集成 PowerPoint，这样将来在 PowerPoint 中就有"Camtasia Studio 启动演示文稿并开始录制"工具栏；二是需要安装这个版本的汉化程序进行软件的汉化。

1.4 软件界面

Camtasia Studio 8.5 的界面主要包括标题栏、菜单栏、编辑器、预览窗口、任务选项卡、时间轴、剪辑箱、资源库等。

1. 菜单栏

菜单栏包括文件、编辑、视图、播放、工具、帮助等菜单项。

2. 编辑器

编辑器窗口包含录制屏幕、导入媒体以及生成和分享视频 3 部分。

3. 预览窗口

预览窗口是显示已经加载到时间轴上的素材的窗口，可以播放视频、音频、图片等。该窗口包括编辑尺寸、缩放、帮助、预览窗口视图选项、画布、播放控制等。

4. 任务选项卡

任务选项卡包含剪辑箱、库、标注、缩放、音频、转场、光标效果、可视化属性、语音旁白、录制摄像头、字幕、测验等选项卡。

5. 时间轴

时间轴包含工具栏、标尺、轨道等。

6. 剪辑箱

剪辑箱中显示了已加载的素材，素材按 CS 录像机录制的 TREC 素材、视频素材（包括 SWF 动画）、图像素材、音频素材等分类显示。

7. 资源库

资源库中有免费的视频、音频和图像剪辑等媒体资源，用户制作视频时可根据需要选用。用户同样可向资源库中导入或导出媒体资源。软件窗口如图 1.1 所示。

图 1.1　CS 8.5 软件主界面

1.5 项目管理

CS 8.5 以项目形式对各种素材进行组织、管理，因此项目也是一个容器。项目管理包括新建项目、打开项目、保存项目、项目另存为、导入压缩项目等。

1.5.1　Camtasia Studio 访问文件类型

CS 8.5 创建、编辑、保存的项目文件为 *.camrec。

CS 8.5 导入、导出的视频文件可以是 *.camrec、*.trec、*.avi、*.mpeg、*.mpg、*.wmv、*.mov、*.mts、*.m2ts、*.mp4、*.swf 等。

CS 8.5 导入、导出的图像文件可以是 *.bmp、*.gif、*.jpg、*.jpeg、*.png 等。

CS 8.5 导入、导出的音频文件可以是 *.wav、*.mp3、*.wma、*.m4a 等。

1.5.2　新建项目

当启动软件时，会自动新建一个默认的项目，这个项目的名称叫作"无标题"，此时可以直接开始工作。

新建项目的方法是执行【文件】>【新建项目】命令。

这里需要说明的是，在 CS 6.0 以前版本中，运用 CS 的录像机记录屏幕或 PowerPoint 后，在预览窗口中执行【保存与编辑】命令，在保存视频的同时也新建了一个项目。但 CS 8.5 版本录像机记录屏幕或 PowerPoint 后，在预览窗口中执行【保存与编辑】命令，则会生成 *.trec 文件，不是 *.camproj 文件。

1.5.3　打开项目

执行【文件】>【打开项目】命令，即可打开项目。

1.5.4　导入压缩项目

若导入外部存储的并且是由 Camtasia Studio 导出的压缩项目时，通过以下步骤完成压缩项目的导入。

执行【文件】>【导入 zip 项目】命令，在打开的"导入压缩项目文件"对话框中（见图 1.2），选择导入的压缩项目文件，

图 1.2　导入压缩项目文件对话框

单击【确定】按钮完成压缩项目的导入。

1.5.5 创建一个压缩的项目

CS 软件能够将正在编辑的项目整体导出为一个压缩项目，方法是执行【文件】>【压缩导出项目为 zip】命令，在"导出项目为 zip"对话框中，选择该压缩文件存储路径，单击【确定】按钮完成压缩项目的导出。

1.5.6 保存项目

1. 保存项目

项目编辑过程中或完成后，需要对项目进行保存。保存项目的方法是执行【文件】>【保存项目】命令。也可以执行【文件】>【项目另存为】命令，进行项目的保存。

2. 项目自动保存

在编辑项目时，为了能够及时保存项目，可以设置项目自动保存及自动保存时间间隔。执行【工具】>【选项】>【程序】选项卡命令，确保启用自动保存选项（见图 1.3），设置自动保存的时间（分钟）间隔，单击【确定】按钮。

图 1.3 自动保存项目参数设置对话框

第 2 章

录制视频

录制视频是 CS 软件的重要功能之一，主要包括录制屏幕和录制 PPT 两部分功能。录制屏幕使用 CS 软件自身带的录像机，运用录像机之前需要对录像机的选择区域、录制输入区和录制按钮 3 部分的参数进行设置。录制 PPT 使用的是 CS 软件所带的录制插件，在 PPT 打开状态下，在 PowerPoint 自定义工具栏中可以设置 CS 录制插件的相关参数。

2.1　录制视频基本常识

2.1.1　录制前的准备

录制视频之前，至少要做好 3 个方面的准备工作。

（1）硬件方面的准备工作，包括摄像头、麦克风等的安装、调试等。

（2）软件的安装，主要是 CS 软件的安装。

（3）录制脚本的设计与撰写。首先要对录制的内容、过程以及运用的素材进行充分的设计与准备，其次是撰写录制脚本与讲解提纲。录制时依据提纲进行，会使整个录制过程变得更加流畅，出错率比较低，大大减少了录制完成后编辑的工作量。

2.1.2　录制注意事项

录制视频时，尽可能选择比较安静的环境。安静环境下录制的视频噪声少且轻，可保证视频整体质量较高。如果在较嘈杂的环境下录制视频，虽然后期可通过降噪的方式对音频降噪，但也不可能全部去除噪声，从而影响视频的整体质量。

录制视频时，要充分考虑视频的应用环境。例如视频若需在网络上传播，则要考虑使视频文件尽量小。录制时尽量选择一些比较简单或者是颜色比较少的画面进行录制，颜色简单、图案简单等，会使后期生成的视频文件比较小，易于网络传播；如果录制画面不需要操作鼠标，就尽量保持画面的静止状态，从而可以少生成关键帧，关键帧越少，后期发布的视频越小。

录制视频时，要正确处理错误的操作。录制视频过程中，常常会出现一些错误的操作，此时如果停止操作而重新录制，工作量会较大。出现这种情况时，一般不用停止录制，而是通过后期编辑将这些错误操作删除，因为在有大纲前提下的录制过程，出现的错误会较少，从而后期剪辑工作量也会较小。

2.2　录像机

2.2.1　录制窗口简介

在 CS 软件主界面中，选择编辑器窗口中的【记录屏幕】，打开录像机窗口。录像机窗口的菜单包括捕获（记录、停止、删除、选择记录区域、锁定应用程序、记录音频、记录网络摄像头）、效果（注释、使用鼠标单击声音、选项）、工具、帮助等。录像机窗口中包含选择区域、录制输入区和录制按钮 3 部分，如图 2.1 所示。

1. 选择区域

录像机窗口中的选择区域包含两个按钮，分别是【全屏幕】按钮和【自定义】按钮。

全屏幕是指录制计算机整个屏幕，也就是计算机的桌面。打开 CS 软件的录像机，单击【全屏幕】按钮，然后再单击【rec】按钮即可录制计算机桌面。

自定义是指用户可以根据录制的需要，自行设定录制屏幕的区域，录制区域有锁定宽高比与非锁定宽高比两种状态，通过单击【自定义】按钮右侧的【锁定】按钮来改变。自定义录制区域的设置有两种方法：①选择【自定义】按钮，可在右侧下拉列表框中选择宽、高尺寸；②单击【自定义】按钮后，用鼠标拖动录制区中的【罗盘】图标来改变矩形框在屏幕上的位置，用鼠标拖动矩形框上的句柄来改变其宽与高，如图 2.2 所示。

图 2.1　CS 8.5 录像机窗口界面　　　　图 2.2　录制自定义区域

录制自定义区域时，常常会录制应用程序的窗口。首先，单击【锁定】按钮，使宽、高比处于解锁状态；其次，用鼠标拖动录制区中【罗盘】图标来改变矩形框在屏幕上的位置，用鼠标拖动屏幕上矩形框上的句柄，来改变其宽与高同应用程序窗口大小相同；最后，选择【自定义】按钮，在右侧下拉列表框中选择锁定应用程序。这样录制开始后，所录制的区域只是选定的应用程序窗口区域。

2. 录制输入区

录制输入区包括摄像头和麦克风的设置。

（1）摄像头的设置

如果计算机装有摄像头，在录制视频时可单击此按钮打开摄像头，在录制计算机屏幕的同时，摄像头也会录制计算机外部的视频，从而形成画中画。摄像头打开的状态下，其右侧会出现摄像头包含的视频预览窗口，当鼠标悬停在该窗口上时，会出现更大的视频预览窗口，此时可以调整被摄像头录制的视频区域。

（2）麦克风的设置

当录制屏幕并且需要录制音频时，一定要选择麦克风。麦克风的右侧有音量测试条和音量调节滑块。录制音频前可以测试麦克风，麦克风的音量在音量测试条中显示。麦克风音量的调节可用鼠标拖动音量调节滑块，调整到比较满意的音量，一般将音量调到 90% 左右为最佳。如果麦克风音量调到 100%，这样很容易会产生破音；如果麦克风音量调得过低，则系统电流声音就会显得较大。

3. 录制按钮

录像机窗口中的【rec】红色按钮为录制按钮，单击此按钮即开始视频的录制。视频录制完毕按 F10 键停止录制，此时视频预览窗口打开。视频预览窗口中包括预览录制的视频、保存与编辑视频、生成共享视频、删除视频等，如图 2.3 所示。

图 2.3　视频预览窗口

2.2.2　参数设置

1. 设置录制时鼠标点击的声音

录制视频过程中,若要录制单击鼠标键时出现的音效,则需要在录像机窗口中,执行【效果】>【选项】命令,打开效果选项窗口,选择【声音】选项卡。

【声音】选项卡中设置单击鼠标的声音效果,包括鼠标按键按下声音、鼠标按键松开声音、音量 3 个参数,声音可来源于一个声音文件,如图 2.4 所示。

录制视频时实现鼠标单击声音效果,还需要在录像机窗口的【效果】菜单中打开【使用鼠标单击声音】开关,这样鼠标单击声音就会录制于视频中,如图 2.5 所示。

图 2.4　鼠标单击声音效果设置

图 2.5　鼠标单击声音效果开关

2. 设置录制时添加屏幕绘图

运用 CS 软件录制视频时,往往需要对录制的内容添加箭头、线条甚至是插图等,把这些类似于绘图的效果称为 CS 软件的屏幕绘图。CS 软件提供了屏幕绘图工具,在录制视频前需要通过录像机窗口的【工具】>【录制工具栏】命令打开【效果】选项。随后,录制视频时即可对 4 组工具进行选择、颜色编辑和宽度修改,同时在录制的屏幕上绘制所需图形等,绘制的图形会一同被录制到视频中保存。

（1）效果选项开关

打开录像机窗口后,执行【工具】>【录制工具栏】命令,打开录制工具栏窗口,在此窗口中勾选【效果】选项,如图 2.6 所示。

（2）屏幕绘制

录制视频时,当在录像机窗口中单击【录制】按钮开始录像后,屏幕绘图选项窗口即出现。单击【屏幕绘制】按钮,屏幕绘图工具可以扩大或收回。在屏幕绘图工具的扩大状态下,有 4 组工具,使用它们绘图前可单击其右侧下拉列表,选择工具、颜色和线条粗细,即可在屏幕上绘制所需图形。屏幕绘图工具如图 2.7 所示。

图 2.6 效果选项开关

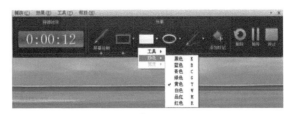

图 2.7 屏幕绘图工具

（3）屏幕绘制工具快捷键

运用屏幕绘图工具绘图时，为操作快捷，CS 软件提供了快捷键，如表 2.1 所示。

表 2.1 屏幕绘图工具快捷键

功能选项	快捷键
使用屏幕绘图	Ctrl+Shift+D
退出屏幕绘图模式	Esc
撤销最后一次屏幕绘图	Ctrl+Z
工具线条宽度（Tool Width）	1至8
框架（Frame）	F
突出显示（Highight）	H
椭圆（Ellipse）	E
笔（Pen）	P
线（Line）	L
箭头（Arrow）	A
黑色（Black）	K
蓝色（Blue）	B
红色（Red）	R
白色（White）	W
黄色（Yellow）	Y
绿色（Green）	G
青色（Cyan）	C

3. 设置录制时添加标志、标题

运用 CS 软件录制视频时，可以通过预设参数为录制视频添加标志、标题、标记等。标志一般为时间、日期，包括它们在视频中的布局、顺序、颜色等。标题一般设置为视频的版权信息、特殊说明、附加信息等，同样可设置标题字体、字型、颜色等。标记是为方便编辑视频而设置，标记可在视频录制中添加，也可以在编辑视频中添加（此内容在后面章节介绍）。标志与标题的参数设置如图 2.8 所示。

（1）添加标志设置

若需要对录制的视频添加标志，应在录制前在录像机窗口中执行【效果】>【选项】命令，打开效果选项对话框，选择【注释】选项卡。在该选项卡中设置时间 / 日期格式、顺序、布局、字体、字型、颜色等。

在图 2.8 所示的对话框中单击【时间 / 日期格式】按钮，打开【时间 / 日期格式】对话框，设置时间 / 日期格式，如图 2.9 所示。

图 2.8 添加标志、标题参数设置

图 2.9 时间／日期格式设置

在图 2.8 所示的对话框中单击【系统标记选项】按钮，打开【系统标记选项】对话框，设置系统标记格式，如图 2.10 所示。

为使添加标志的参数设置在录制视频中生效，在录像机窗口中必须选择【效果】>【注释】>【添加系统戳记】菜单项，如图 2.11 所示。这样在录制视频时会自动将设置的时间／日期一同录进视频。

图 2.10 系统标记格式设置

图 2.11 添加系统戳记选项开关

（2）添加标题设置

若需要对录制的视频添加标题，应在录制前执行【效果】>【选项】命令，打开效果选项对话框，选择【注释】选项卡。在该选项卡中设置标题内容、格式、位置、背景、字体、字型、颜色等并单击【确定】按钮退出。

在图 2.8 所示的对话框中，在【标题】下拉列表框中输入标题文本内容，单击【标题选项】按钮，打开【标题选项】对话框，设置标题格式，如图 2.12 所示。

为使添加标题的参数设置在录制视频中生效，在录像机窗口中必须选择【效果】>【注释】>【添加标题】菜单项，如图 2.13 所示。这样在录制视频时会自动将设置的标题一同录进视频。

图 2.12 标题格式设置

图 2.13 添加标题选项开关

为录制视频添加标题时只能添加一个标题，而且在录制过程中不能更改标题。如果保持标题选项的设置，以后标题会出现在每个录像文件中。

2.2.3 录制工具栏简介

运用 CS 软件录制视频时，默认情况下只显示记录控制、音频录音工具栏。用户可以根据需要进行工具栏的自定义，使录制期间出现所需的工具栏。

1. 显示或隐藏工具栏

打开 CS 软件录像机后，执行【工具】>【录制工具栏】命令，打开录制工具栏对话框，如图 2.14 所示。此窗口包括【音频】、【摄像头】、【统计】、【效果】、【持续时间】等选项，用户可通过勾选所需选项，打开相应的工具栏。

2. 工具选项设置

对于 CS 软件录像机的工具栏，在使用前需要进行一些参数设置。执行 CS 软件录像机菜单中的【工具】>【选项】命令，打开工具选项对话框，其中包括常规、输入、热键、程序 4 种参数设置。

（1）常规

【常规】选项卡包括帮助、捕获、保存 3 种内容设置（见图 2.15）。

图 2.14 显示或隐藏工具栏开关

图 2.15 工具选项对话框

帮助中包括显示工具提示、当录像机被录制时提醒我两个勾选项。捕获中包括捕获分层窗口、捕获键盘输入、捕获过程中禁用屏幕保护程序、捕获过程中禁用显示加速 4 个勾选项。保存包括录制为、临时文件夹两个选项，也就是说 CS 软件录像机在录制完视频时，可在此设置保存文件的类型。在【录制为】后面的下拉列表框中，选择 *.trec 文件或 *.avi 文件二者之一，【临时文件夹】是用来设置存储文件的路径，单击【浏览】按钮，打开【浏览文件夹】对话框来设置文件的保存路径。此外，设置文件保存类型时，单击【文件选项】按钮，打开【文件选项】对话框，设置输出文件名，包括询问文件名、固定文件名、自动文件名、输出文件夹等，如图 2.16 所示。

（2）输入

【输入】选项卡主要包括视频、音频、摄像头 3 部分，如图 2.17 所示。

视频设置主要是设置屏幕捕获帧速率。通过屏幕捕获帧速率右侧的下拉列表框，从 1、10、15、30 这 4 个值中选择帧速率；还可在此下拉列表框中，通过键盘输入具体的帧速率值来改变屏幕捕获帧速率，如设置 25；也可单击右侧的【恢复默认值】按钮，来使用默认的帧速率，默认的帧速率为 30；如果录制的是计算机播放的视频，还可以单击【视频设置】按钮，来改变原视频的播放帧速率。

图 2.16 文件选项对话框

图 2.17 输入选项卡

音频设置主要是设置音频设备、录制音频音量、录制系统音频等。选择音频设备，通过音频设备右侧的下拉列表框，选择麦克风音量、立体声混音、麦克风、不录制麦克风等选择。

摄像头主要是设置计算机摄像头录制外部画面时，所使用的摄像头设备、设备属性、格式设置等内容。单击摄像头设备右侧的下拉列表框，从中选择 USB 视频设备或不录制摄像头，当选择了 USB 视频设备以后，预览窗口、【设备属性】按钮、【格式设置】按钮均可用，如图 2.18 所示。

单击【设备属性】按钮，打开设备【属性】对话框。此对话框包含视频 Proc Amp、照相机控制两个选项卡。在【视频 Proc Amp】选项卡中可以设置录制视频的亮度、对比度、色调、饱和度、清晰度、白平衡、逆光对比等，均可用鼠标拖动其右侧的水平滚动条，调整每个选项的数值。【照相机控制】选项卡包括缩放、焦点、曝光、光圈、全景、倾斜、掷色子等设置，同样用鼠标拖动其右侧水平滚动条，调整每个选项的数值，如图 2.19 所示。

图 2.18 摄像头选项对话框

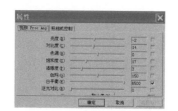

图 2.19 设备属性对话框

单击图 2.18 中的【格式设置】按钮，打开格式设置对话框（见图 2.20）。此对话框主要设置数据流格式，包括视频格式和压缩。视频格式包括视频标准、帧率、横向翻转、颜色空间／压缩、输出大小；压缩主要包括 I 帧间隔、P 帧间隔、质量等。

（3）热键

运用 CS 软件录像机时，为了录像时操作快捷，CS 软件提供了相关的热键设置功能（见图 2.21）。

录音／暂停是指在运用 CS 软件录制视频时，如果在此设置了快捷键，按下快捷键就会开始录制，再次按下快捷键就会暂停录制；停止是指在运用 CS 软件录制视频时，如果在此设置了快捷键，按下快捷键就会停止视频的录制；标记是指在运用 CS 软件录制视频时，如果在此设置了快捷键，按下快捷键就会在录制视频的那一帧上添加一个标记；屏幕绘制是指在运用 CS 软件录制视频时，如果在此设置了快捷键，按下快捷键就会打开屏幕绘制工具栏，此时用户运用工具栏当中的工具，在屏幕上绘制的内容将会一同录入视频中，再次按下快捷键就会关闭屏幕绘制工具栏；选择区域是指在运用 CS 软件录制视频时，如果在此设置了快捷键，按下快捷键就会显示选择录制区域帮手；隐藏任务栏图标是指在运用 CS 软件录制视频时，如果在此设置了快捷键，按下快捷键就会在系统托盘中隐藏或显示录像机图标。

图 2.20 格式设置对话框　　　　　　　图 2.21 热键设置对话框

（4）程序

程序选项包括录制区域、流程、最小化 3 部分内容，如图 2.22 所示。

录制区域包括区域外观、发光捕获矩形、强制弹出对话框进入区域、强制区域多个（提高质量）。通过区域外观设置录制视频的区域外观，单击区域外观右侧的下拉列表框，从中选择边角、矩形、隐藏三者之一。其他几个选项可以根据需要进行勾选。

流程包括录制屏幕后开始捕获、录制前显示倒计时、暂停后恢复光标位置、录制停止后隐藏预览窗口、我的录制做到等选项。例如勾选【录制前显示倒计时】，则按下录像机的【录制】按钮后，屏幕上会显示倒计时 3、2、1，然后开始录制。再如勾选【录制停止后隐藏预览窗口】，则【我的录制做到】后面的下拉列表可用，从中选择保存、生成、添加到时间轴、添加到剪辑箱等选项来决定最后生成视频的存放与使用。

图 2.22 程序设置窗口

最小化包括最小化录像机、最小化到两部分内容。最小化录像机的设置，通过右侧的下拉列表完成，主要决定运用 CS 软件录像机录制视频时，对于录像机自身是否进行录制，从下拉列表当中选择【始终】或【从不】，如果选择【始终】，在录像机录制视频时会将录像机窗口一同录入视频；如果选择【从不】，录像机在录制视频时就不会将录像机窗口录入视频。

最小化到主要是指录像机录制视频时，录像机是最小化到系统托盘还是任务栏上。在【最小化】右侧的下拉列表中可选择系统托盘或任务栏。录制视频时，当鼠标单击托盘上图标时记录工具显示，再次单击托盘图标，记录工具隐藏。当用户录制视频时，显示或隐藏工具栏的操作同样会记录入视频。

3. 工具栏介绍

录制工具栏包括【音频】工具栏、【摄像头】工具栏、【统计】工具栏、【效果】工具栏和【持续时间】工具栏（见图2.23）。

图2.23 工具栏窗口

（1）【音频】工具栏

【音频】工具栏的使用主要包括设置录音热键、记录音频和调整音量级别等。

1）设置录音热键。为方便录音的操作，可以在录像机窗口执行【工具】>【选项】命令，打开【工具选项】对话框，选择【热键】选项卡，设置录音快捷键；选择【输入】选项卡，设置录音设备，如图2.24所示。

2）记录音频。当启动音频选项后，可以单击【音频】按钮右侧的下拉列表框来选择音频源（见图2.25）。此时如果单击【选项】命令，可打开图2.18所示的【工具选项】对话框，同样能够设置记录音频的相关参数。

图2.24 录音热键设置　　　　　　　图2.25 选择音频源

3）调整音量级别。在音频工具栏中，可以调整输入的音量，会从音频表上看到相应的响应。如果音频电平在绿色到黄色范围，表示当前的音量合适，如果音频电平在橙色至红色范围，则音量不合适，可能会产生破音，这时可通过拖动音量滑块来调整音量，如图2.26所示。

（2）【摄像头】工具栏

录制视频时，可以打开摄像头录制计算机外部的画面，单击摄像头右侧的箭头可以设置摄像头的相关参数，包括选择USB视频设备、选项、摄像头帮助等，例如勾选【USB视频设备】就会使用USB摄像头，单击【选项】命令就会打开图2.18所示的【工具选项】对话框，同样能够设置摄像头的相关参数。

单击摄像头使其处于【摄像头开】的状态，录制工具栏右侧也会出现一个实时的预览画面。若想将预览窗口放大，只需把鼠标移动到预览缩略图上即可，如图2.27所示。

图2.26 调整音量级别　　　　　　　图2.27 摄像头工具栏

（3）【统计】工具栏

【统计】工具栏显示了相关的录制信息，包括帧、播放速率（即每秒播放的帧数）、录制的时间长度，如图2.28所示。

（4）【效果】工具栏

【效果】工具栏是录制视频时，为视频添加绘图、标志以及光标效果的工具栏，其包括屏幕绘图、添加标记、添加光标效果等，如图 2.29 所示。

图 2.28　统计工具栏　　　　　　　　图 2.29　效果工具栏

（5）【持续时间】工具栏

【持续时间】工具栏是显示录制视频持续时间长度的工具栏，如图 2.30 所示。

图 2.30　【持续时间】工具栏

2.3　录制屏幕

CS 软件录制视频最主要的就是录制计算机的屏幕，前面已经提及可录制全屏、区域、应用程序窗口等。此处提及的录制屏幕，用户可根据自己需要设置录制区域。

在 CS 软件主界面中，单击【录制屏幕】按钮右侧的下拉列表，选择【录制屏幕】选项，打开【录像机】窗口。录制屏幕的具体方法简述如下。

通过【录像机】窗口设置录制区域。在选择区域中选择【全屏幕】或【自定义】选项录制区域。录制全屏需要单击【全屏幕】按钮，然后单击【rec】按钮开始录制；录制某个区域或窗口，需要单击【自定义】按钮并设置相关参数，然后单击【rec】按钮开始录制。

开始录制后，屏幕上会出现数字"3""2""1"进行倒计时，到 1 时表示正式开始录制。

录制过程中可以进行删除、暂停和停止的操作。单击屏幕下方任务栏中 CS 软件录像机图标，此时将弹出录制工具栏窗口，其中包含了设置打开的【统计】工具栏、【计时】工具栏、【效果】工具栏等，还包含了删除、暂停、停止按钮。单击【停止】按钮或按下 F10 键，即停止视频的录制。

完成录制后，系统将自动弹出预览窗口。此窗口中可以播放、保存并编辑、生成、删除录制的视频，生成视频将在后面章节介绍。

2.4　录制幻灯片

运用 CS 软件录制幻灯片时有两种情况：一是在 CS 软件中勾选了【开启 PowerPoint 插件】项，此时录制幻灯片即可在 PowerPoint 中看到 Camtasia Studio 的录制插件；二是在 CS 软件中没有勾选【开启 PowerPoint 插件】项，录制幻灯片时在 PowerPoint 中看不到 Camtasia Studio 的录制插件。

打开 Camtasia Studio 录制插件的方法是，在 CS 软件中执行【工具】>【选项】命令，打开【选项】窗口，在【合作】选项卡中，勾选【启用 PowerPoint 加载】，如图 2.31 所示。

图 2.31　开启 CS 录制 PPT 插件

2.4.1　开启 CS 录制插件录制 PPT

在 CS 中开启 CS 录制插件，单击 CS 主界面中【录制屏幕】按钮右侧的下拉列表，选择【录制幻灯片】选项，此时打开空白演示文稿，在 PowerPoint 中执行【文件】>【打开】命令，打开需要录制的演示文稿，单击菜单栏中的【加载项】，在【自定义工具栏】中即出现 CS 录制插件的 6 个按钮，分别是录制、录制音频、录制摄像头、预览摄像头、录制选项设置、帮助。

1. 录制

当所需要录制的演示文稿处于打开状态时，单击 PowerPoint 自定义工具栏中的【录制】按钮，屏幕右下角打开一个窗口（见图 2.32），在窗口中可通过调节滑块来调节麦克风音量，然后单击【单击开始录制】按钮，开始幻灯片录制。录制过程中有几组快捷键，如 Ctrl+Shift+F9 为暂停、Ctrl+Shift+F10（或 Esc 键）为停止。

当整个演示文稿录制完毕，会自动弹出一个对话框，如图 2.33 所示。单击【停止录制】按钮，可对录制的视频进行保存；单击【继续录制】按钮，可继续录制其他演示文稿。

图 2.32　录制提示窗口

图 2.33　录制结束提示窗口

2. 录制音频

录制幻灯片时，如果需要录制幻灯片当中的声音或讲解声音，则须单击【录制音频】按钮。

3. 录制摄像头

录制幻灯片实质是 CS 录制计算机 PPT 窗口，而在实际中往往需要在录制 PPT 窗口的同时，将讲解者（计算机外部的画面）的画面与声音同时录制为视频，与录制的 PPT 形成画中画视频，此时即需要打开【录制摄像头】选项。

4. 预览摄像头

通过录制摄像头录制的画面，用户若想看见，单击【预览摄像头】按钮打开预览窗口，即可预览摄像头录制的内容。

5. 录制选项

录制选项设置主要包括程序、视频和音频、画中画、录制快捷键 4 部分，如图 2.34 所示。

（1）程序

程序组框包括开始录制时暂停、包含水印、水印、录制完成后在 Camtasia Studio 中编辑、在演示末尾等 5 个部分内容的设置。

① 开始录制时暂停。勾选【开始录制时暂停】复选框，单击【录制】按钮后会在屏幕右下角弹出询问窗口，当单击询问窗口中【点击开始录制】按钮后才开始幻灯片的录制；如果不勾选此复选框，单击【录制】按钮后不弹出询问窗口，即刻开始幻灯片的录制。

② 包含水印。勾选【包含水印】复选框，可在录制幻灯片过程中同时为视频添加水印。勾选此复选框后，将弹出【水印选项】对话框，如图 2.35 所示。此窗口中包括图像录制、效果、比例、位置 4 个部分。在【图像录制】栏中可以设置水印图片的来源并自定义水印图片；在【效果】栏中，若勾选【使用透明色】复选框，【更改】按钮为可用状态，此时可单击【更改】按钮，设置水印透明的颜色，也可以用鼠标拖动【不透明度】的滑块调节水印的不透明度；在【比例】栏中，可单选【保存图像大小】或【图像比例】来调整图片的尺寸，若选择前者则图片保持原始尺寸，若选择后者图片可等比例缩放；在【位置】栏中，单击位置缩图来确定水印显示的位置，此时右侧预览栏中显示出水印所处在视频画面中的位置。

图 2.34　录制选项设置窗口

图 2.35　水印选项窗口

③ 录制完成后在 CS 中编辑。勾选此复选框，可在单击【停止】按钮结束录制时直接跳到 CS 中，即可编辑录制的视频。

④ 在演示末尾。单击右侧的下拉列表框，选择【继续录制】、【确认继续录制】、【停止录制】。选择【继续录制】选项，幻灯片演示完之后不会自动停止录制，而需单击屏幕左上角的【停止录制】按钮方可结束幻灯片的录制；选择【确认继续录制】选项，幻灯片播放完毕即弹出询问窗口，可根据提示选择是否继续录制；选择【停止录制】选项，幻灯片播放完毕，自行停止录制。

（2）视频和音频

视频和音频选项中包括视频帧率、录制层叠窗口、录制音频 3 个部分。

① 视频帧率。此选项中可以设置视频帧率的大小，取值范围为 1～30，视频帧率越大，录制的视频越清晰，反之则不然。

② 录制层叠窗口。勾选此选项录制 PPT 时，可以录制 PPT 的多层窗口。

③ 录制音频。勾选【录制音频】选项后，通过【音频源】右侧的下拉列表框可以选择麦克风音量、立体声混音、麦克风、不要录制麦克风等；音量的调节通过鼠标拖动滑块调节声音的大小。

（3）画中画

计算机在接入摄像头的情况下，若勾选【画中画】栏中的【从摄像头录制】选项，录制视频时就会将摄像头采集到的视频，作为录制 PPT 视频的画中画。单击【摄像头设置】按钮，打开摄像头设置窗口，对摄像头属性、视频格式等进行设置（窗口设置内容同图 2.19 和图 2.20 所示）。

（4）录制热键

此栏中可以通过设置 Ctrl、Alt、Shift、功能键几者的不同组合，构成录制、暂停、停止的热键。

6. 帮助

帮助主要介绍如何使用 CS 录制幻灯片。

2.4.2 关闭 CS 录制插件录制 PPT

关闭 Camtasia Studio 录制插件的方法是，在 CS 中执行【工具】>【选项】，打开【选项】窗口，在【合作】选项卡中，取消【启用 PowerPoint 加载】的勾选。

当 CS 录制插件处于关闭状态，录制 PPT 需要先打开 PPT 并处于全屏幕播放，此时运用 CS 录制屏幕功能完成 PPT 的录屏。

2.5 案例

2.5.1 微视频案例——《音频录制与降噪》

【案例描述】

- *知识点内容简述*

Adobe Audition CS6 是一款专业的音频处理软件。运用该软件录制音频并降噪，是学习者学习该软件必须掌握的内容。

把运用该软件录制音频并降噪的操作步骤录制成视频供学习者观看，学习者会在非常直观的学习中，轻松掌握操作方法与步骤，理解音频降噪的基本原理。

案例将运用 CS 软件的录制屏幕、同步字幕、镜头缩放等功能，录制使用 Audition 录制音频并降噪的操作步骤的视频。

- *技术实现思路*

写出运用 Audition 软件录制音频并降噪的操作步骤脚本；然后运用 CS 软件的【录制屏幕】功能，把使用 Audition 软件录制音频并降噪的操作全过程进行录制，生成可 CS 编辑的 *.trec 或 *.avi 文件，经过进一步编辑后，分享给用户。

制作完成的视频参见 ..\2.5.1\ 音频录制与降噪 .mp4。

【案例实施】

- *知识点内容脚本*

运用 Audition 软件录制音频，需要对录音设备进行选择。以 Windows 7 操作系统来说，可以设置为麦克风输入或线路输入。

选择麦克风为录入设备并用 Audition 软件录音的操作步骤如下。

步骤 1 在【任务栏】>【扬声器】图标上单击鼠标右键，在打开的快捷菜单中选择【录音设备】命令，打开声音设置。

步骤 2 在声音设置对话框中，选择【录制】选项卡，选择列表框中的【麦克风】选项，单击鼠标右键，选择【属性】命令，打开麦克风属性对话框。

步骤 3 在麦克风属性对话框中，选择【常规】选项卡，设置【设备用法】为【使用此设备（启用）】，单击【确定】按钮返回声音设置对话框，在该窗口中继续单击【确定】按钮关闭声音设置窗口。此时，麦克风被设置为录音输入设备。

步骤 4 启动 Audition 软件，单击工具栏的【多轨合成】按钮，弹出【新建多轨项目】对话框，在此窗口中设置"混音项目名称""文件夹位置"等参数，然后单击【确定】按钮。

步骤 5　在轨道 1 上用鼠标单击【录音备用】按钮（红色 R），使该按钮处于按下状态。

步骤 6　在【编辑器】窗口中，单击【录制（shift+space）】按钮，开始音频录制，录制完毕单击【停止（space）】按钮。

步骤 7　单击【文件】>【保存】菜单，将文件保存（..\2.5.1\ 1.wav）。

为了能够较精确地去除环境的噪声，一般录制前需要空录 5 ～ 10 秒，以备后期降噪时作为噪声的采样。用 Audition 软件对音频降噪的操作步骤如下。

步骤 1　启动 Audition 软件，单击【文件】>【打开】命令，打开刚录制的音频文件（..\2.5.1\ 1.wav），此时音频加载到编辑器中。

步骤 2　在编辑器中，用鼠标单击工具栏中的【放大振幅】按钮，将音频波形放大到合适的大小。

步骤 3　用鼠标拖选的方法，选择音频中的噪声部分。

步骤 4　单击 Audition 主界面菜单中的【效果】>【降噪 / 修复】>【采集降噪样本】命令，完成噪声的采样。

步骤 5　按下 Ctrl+A 键，选择全部音频，单击 Audition 主界面菜单中的【效果】>【降噪 / 修复】>【降噪】命令，在弹出的窗口中，单击【应用】完成音频的降噪。

步骤 6　单击【文件】>【导出】命令，将文件保存（..\2.5.1\ 2.wav）。

· CS 录制屏幕

运用 CS 软件录制使用 Audition 录制音频并降噪操作全过程的视频的步骤如下。

步骤 1　启动 CS 软件，单击工具栏中的【录制屏幕】按钮，打开 CS 软件的录像机。

步骤 2　设置录像机的【选择区域】为【全屏幕】，设置【录制输入】中【音频开】的状态并调整音量，单击红色【rec】录制按钮，开始录制。

当开始录制后，即按前述的脚本内容进行录音输入设备的选择、录音、降噪等操作。

步骤 3　全部操作录制完成，单击录像机工具栏中的【停止】按钮或按 F10 键结束录制，弹出预览窗口，选择【保存并编辑】选项，打开【保存文件】对话框。

步骤 4　在【保存文件】对话框中，设置保存文件名，单击【保存】按钮，默认情况下，CS 会保存为 *.trec 文件于磁盘上，同时视频加载到 CS 剪辑箱中，供用户进一步编辑。

2.5.2　微视频案例——《PS 矢量蒙版》

【案例描述】

· 知识点内容简述

Photoshop CS6（以下简称 PS）是一款专业的图像处理软件。蒙版是 PS 处理图像的重要内容，学习此部分内容需要掌握蒙版的基本原理、类型以及各类蒙版的制作方法。

案例将运用 CS 软件的录制屏幕、字幕等功能，将 PS 制作矢量蒙版的操作步骤录制成视频。

· 技术实现思路

写出运用 PS 软件制作矢量蒙版的操作步骤的脚本；然后运用 CS 软件的【录制屏幕】功能，将使用 PS 软件制作矢量蒙版的操作全过程进行录制，生成 CS 可编辑的 *.trec 或 *.avi 文件，经过进一步编辑后，分享给用户。

制作完成的视频参见 ..\2.5.2\ PS 矢量蒙版 .mp4。

【案例实施】

· 知识点内容脚本

蒙版是 PS 处理图像的重要内容，蒙版可轻松控制图层区域的显示或隐藏，是进行图像合成最常用的手段。蒙版的基本原理是用前景黑色去遮蔽某一个区域，用前景白色去显示某一个区域；蒙版分为快速蒙版、矢量蒙版、剪贴蒙版、图层蒙版 4 种。

运用 PS 软件的矢量蒙版来合成图像的操作步骤如下。

步骤 1　启动 PS 后,打开(..\2.5.2\1.png)图片,将图片所在图层设置为普通图层并选择该图层。

步骤 2　在 PS 工具箱中,设置前景颜色为白色,背景颜色为黑色。

步骤 3　在 PS 工具箱中选择【自定义形状工具】,在【工具选项栏】中选择【路径】菜单,从【自定义形状】中选择一种形状。

步骤 4　按下鼠标左键在图形上拖动,创建一个自定义形状的路径。

步骤 5　执行 PS 菜单中【图层】>【矢量蒙版】>【当前路径】命令,此时路径外的图像被遮蔽。

步骤 6　从 PS 工具箱中选择【路径选择工具】,然后将鼠标移动到画布的该路径上,按下鼠标左键拖动,可改变路径在画布上的位置,从而改变被遮蔽区域。

步骤 7　选择该路径,执行 PS 菜单的【编辑】>【变换路径】或【自由变换路径】命令,通过路径变形,从而改变被遮蔽区域。

- CS 录制屏幕

运用 CS 软件录制使用 PS 制作矢量蒙版操作全过程的视频的步骤如下。

步骤 1　启动 CS 软件,单击工具栏中【录制屏幕】按钮,打开 CS 软件的录像机。

步骤 2　设置录像机的【选择区域】为【自定义】,取消【尺寸】的纵横比锁定,用鼠标单击【自定义】右侧的下拉箭头,在打开的菜单中勾选【锁定到应用程序】选项。

这样在 CS 录制屏幕时,就会只录制当前激活的窗口,同时随着激活窗口的放大、缩小、移动等改变录制的区域。

步骤 3　设置录像机的【录制输入】中【音频开】的状态并调整音量,单击红色【rec】录制按钮,开始录制。

当开始录制后,即按前述的脚本内容在 PS 软件中进行操作。

步骤 4　全部操作录制完成,单击录像机工具栏中的【停止】按钮或按 F10 键结束录制,弹出预览窗口中选择【保存并编辑】选项,打开【保存文件】对话框。

步骤 5　在【文件保存】对话框,设置保存文件名,单击【保存】按钮,默认情况下 CS 会保存为 *.trec 文件于磁盘上,同时视频加载到 CS 剪辑箱中,供用户进一步编辑。

2.5.3　微视频案例——《人眼视觉特性》

【案例描述】

- 知识点内容简述

视听理论是现代教育技术的重要理论基础,其研究如何利用视觉、听觉感官的功能和特点,提高教育信息传递的效果。其中视感知规律里的“人眼视觉特性”,是学习者学习教育技术知识应该掌握的重要内容之一。

案例将运用 CS 软件的录制 PPT 功能,将演示文稿、讲解音频录制成为视频。

- 技术实现思路

设计“人眼视觉特性”讲解过程,设计与制作 PPT 演示文稿,撰写讲解该知识点的脚本;运用 CS 的【录制 PowerPoint】功能,把 PPT 讲稿和讲解音频共同录制为视频,生成 CS 可编辑的 *.trec 或 *.avi 文件,经过进一步编辑后,分享给用户。

制作完成的视频参见 ..\2.5.3\ 人眼视觉特性 .mp4。

【案例实施】

- 知识点内容脚本

人类通过视觉获取外部信息时,与人眼这一视觉器官的功能和特性密切相关。人眼的视觉特性主要体现在以下几个方面。

1. 视觉的光谱灵敏度

人眼对辐射功率相同而波长不同的光的灵敏程度不同，主要取决于光的辐射功率、波长、可见光谱范围。

（1）辐射功率。它是指单位时间内，物体表面单位面积上所发射的总辐射能，是描述物体辐射本领的物理量，一个物体辐射本领越大，对外来辐射的吸收能力也越强。

（2）波长。沿着波的传播方向，在波的图形中相对平衡位置的位移时刻相同的两个质点之间的距离。横波中波长通常指相邻两个波峰或波谷之间的距离。纵波中波长是指相邻两个密部或疏部之间的距离。

人眼对波长为555nm（纳米）的绿光的灵敏度最高，向两侧随着波长的增加而降低，灵敏度逐渐下降至零。即在可见光谱范围之外，辐射能量再大，人眼也是没有亮度感觉。

（3）可见光谱范围。人的视觉可以感受的光谱波段范围在 $380 \sim 780$nm。

辐射功率相等、波长不同的光，其光通量并不相等，所以人眼对不同波长光的相对视见率也不同。

例如：当波长为555nm的绿光与波长为650nm的红光辐射功率相等时，前者的光通量为后者的 10 倍。人眼对波长为555nm的绿光的灵敏度最高。

2. 人眼的视觉范围

人眼的视觉范围是指人眼所能感觉到的亮度变化的范围。

人眼的视觉范围是相当大的，可以说是任何仪器无法比拟的。人眼所能感觉到的亮度最低可至 10^{-4}cd/m^2（坎德拉每平方米），最高可达几兆 cd/m^2。

人眼的亮度感觉随环境亮度的变化而变化，如环境平均亮度为10000 cd/m^2 时，视觉范围为 $200 \sim 20000$cd/m^2；环境平均亮度为30cd/m^2 时，视觉范围为 $1 \sim 20$cd/m^2。

例如：为提高电视、投影的亮度，常常需要拉上教室的窗帘，以缩小视觉范围。

3. 人眼的彩色视觉

人眼对红、绿、蓝最为敏感。人的眼睛就像一个 3 色的接收器体系，大多数颜色通过红、绿、蓝 3 色按照不同的比例合成产生，同样绝大多数单色光也可分解成红、绿、蓝 3 种色光。

人眼视网膜上存在红、绿、蓝 3 种感色的锥状细胞，人眼的彩色视觉就是由这些感光细胞提供的 3 种彩色视觉合成的结果。常用亮度、色调（颜色的类别）、饱和度（颜色的深浅）3 个特性来描述人眼能看到的彩色光。

亮度是光作用于人眼时所引起的明亮程度的感觉。

色调是当人眼看到一种或多种波长的光时，所产生的色彩感觉。

饱和度是指彩色的纯度，即掺入白光的程度，或者说是颜色的深浅程度。

4. 人眼的分辨力

人眼对彩色细节的分辨力要远低于对高亮度的分辨力，即人眼分辨彩色细节的能力较差。彩色电视系统在传送视频图像信号时，细节部分不传送彩色信息，而只传送黑白信息，用它的亮度信息来代替，从而可以节省传输通道的频带。

例如：在黑板上写白字和在白板上写黑字是符合人眼分辨力原理的。

5. 人眼的视觉惰性

现实中，当亮度突然消失后，人眼的亮度感觉并不立即消失，而是近似按指数规律下降。人眼的亮度感觉总是滞后于实际亮度的这种特性称为视觉惰性（或叫视觉暂留）。人眼视觉惰性的残留时间一般约为 0.1 秒。

例如：电影片是由一幅一幅画面组成的，每幅画面的内容相对位置有些变动，由于人眼的视觉惰性，当这些画面以每秒 24 幅连续出现时，就得到了连续的活动景象，静态图片呈现动态效果。

· CS 录制 PPT

运用 CS 软件录制讲解 PPT 全过程的视频的操作步骤如下。

步骤 1　启动 CS 软件，执行【工具】>【选项】命令，打开【选项】对话框，在【合作】选项卡中，勾选了【启用 PowerPoint 加载】多选项，即打开 Camtasia Studio 录制 PPT 插件。

步骤 2　单击 CS 软件工具栏中【录制屏幕】>【录制 PowerPoint】菜单，打开 PowerPoint 软件。

步骤 3　在 PowerPoint 中执行【文件】>【打开】命令，打开（..\2.5.3\ 人眼视觉特性 .ppt）演示文稿。

步骤 4　单击 PowerPoint 主菜单中的【加载项】菜单，打开 Camtasia Studio 录制 PPT 插件。

步骤 5　用鼠标单击插件中的【Camtasia Studio：录制音频】按钮和【Camtasia Studio：录制摄像头】按钮，使这两个按钮处于被按下状态。

这样 CS 软件就会在录制 PPT、讲解声音的同时，把讲解人这一外部画面一同录入视频。

步骤 6　用鼠标单击插件中的【录制】按钮，演示文稿处于播放状态，屏幕右下角打开 CS 录制询问窗口，在窗口中通过调节滑块来调节麦克风音量，然后单击【点击开始录制】按钮，开始幻灯片录制。

录制过程中，录制者针对每张幻灯片依据前述知识点内容脚本进行讲解，用键盘上的 PageDown 键翻页。

录制过程中可使用的几组快捷键，如 Ctrl+Shift+F9 为暂停、Ctrl+Shift+F10（或 Esc 键）为停止。

步骤 7　整个演示文稿录制完毕，弹出对话框询问下一步操作，是【停止录制】或【继续录制】，单击【停止录制】按钮，打开【保存文件】对话框。

步骤 8　在【文件保存】对话框，设置保存文件名，单击【保存】按钮，默认情况下 CS 会保存为 *.trec 文件于磁盘上，同时视频加载到 CS 剪辑箱中，供用户进一步编辑。

第3章

剪辑箱

CS 的主窗口称为编辑器窗口，剪辑箱是编辑器窗口中的重要组织部分。本章主要介绍剪辑箱的功能及使用方法。

3.1　剪辑箱介绍

剪辑箱中显示了所有加载的多媒体素材，全部素材保存在当前项目中。在剪辑箱中单击鼠标右键，其快捷菜单中包含导入媒体、从 Google Drive 导入、从我的位置导入、删除未使用的剪辑、视图、分类按、在组中显示等菜单项，如图 3.1 所示。

图 3.1　剪辑箱界面

3.1.1　导入媒体

导入媒体指的是将需要的媒体资源导入到剪辑箱。导入的媒体素材可以是视频、图像、音频、动画等。视频文件包括 *.camrec、*.trec、*.avi、*.mpeg、*.mpg、*.wmv、*.mov、*.mts、*.m2ts、*.mp4 等格式；动画主要为 *.swf 格式；图像文件包括 *.bmp、*.gif、*.jpg、*.jpeg、*.png 等格式；音频文件包括 *.wav、*.mp3、*.wma、*.m4a 等格式。导入媒体的方法有【文件】菜单、工具栏、快捷菜单、拖动等 4 种。

文件菜单：单击【文件】菜单中的【导入媒体】菜单，弹出【打开文件】对话框，选择需要导入的媒体文件，单击【打开】按钮，媒体文件即可导入到剪辑箱。

工具栏：单击工具栏中的【导入媒体】按钮，弹出【打开文件】对话框，选择需要导入的媒体文件，单击【打开】按钮，媒体文件即可导入到剪辑箱。

快捷菜单：单击 CS 软件选项栏中【剪辑箱】按钮，进入剪辑箱界面。在空白处单击鼠标右键，弹出快捷菜单，选择【导入媒体】命令，弹出【打开文件】对话框，选择需要导入的媒体文件，单击【打开】按钮，媒体文件即可导入到剪辑箱。

拖动：打开 Windows 资源管理器，找到要加载的媒体文件，用鼠标拖动的方法将该文件拖曳到剪辑箱中即可。

3.1.2　视图

剪辑箱中显示了已加载的媒体文件，媒体文件显示为【缩略图】和【详细信息】两种模式；在剪辑箱空白位置单击鼠标右键，在弹出的快捷菜单中选择【视图】菜单，根据不同的需要选择【缩略图】或【详细信息】模式之一。【缩略图】模式下显示媒体名称、媒体缩略图，默认情况下为此种模式；【详细信息】模式下显示媒体的名称、类型、大小、尺寸、持续时间等，但是否显示需通过右键单击标题行打开或关闭。

3.1.3　媒体分类

加载到剪辑箱中的媒体文件，【详细信息】视图模式下，名称、类型、大小、尺寸、持续时间处于显示状态，单击标题行的【名称】改变各类媒体文件的排列顺序。例如：单击标题行的【类型】后，媒体文件以图像、音频、视频的顺序排列。

3.1.4　删除未使用的剪辑

剪辑箱中的媒体，如果在时间轴上已经使用，是不可以从剪辑箱中删除的，未使用的媒体可以删除。删除的方法是在剪辑箱中空白的位置单击鼠标右键，在打开的快捷菜单中勾选【删除未使用的剪辑】选项，即将未使用的全部媒体删除。

3.1.5　在组中显示

加载到剪辑箱中的媒体文件，单击鼠标右键，在弹出的快捷菜单中勾选【在组中显示】选项，则以图像、音频、视频 3 类媒体形式分类。

3.2　媒体的管理

剪辑箱中的媒体管理包括添加到时间轴播放、预览、从剪辑箱删除、添加到库、更新媒体、属性等 6 部分，如图 3.2 所示。

图 3.2　剪辑箱媒体操作

3.2.1　添加到时间轴播放

添加到时间轴播放是指将媒体置于时间轴上，有鼠标拖曳和快捷键两种方法。
鼠标拖曳：当选中一个媒体时，按下鼠标左键，用拖曳的方法将媒体添加到时间轴；若选中多个媒体，将它们拖曳到时间轴上，它们在时间轴上的排列顺序取决于在剪辑箱中媒体文件的选择顺序。

快捷键：选中一个（或多个）媒体，单击鼠标右键打开快捷菜单，选择【添加到时间轴播放】选项，即将媒体文件添加到时间轴上。

3.2.2　预览

剪辑箱中的媒体在 CS【预览窗口】预览，预览的方法是选中媒体并单击鼠标右键，在打开的快捷菜单中勾选【预览】选项，预览窗口中即播放媒体，但时间轴上并不加载媒体。

3.2.3　从剪辑箱删除

选择剪辑箱中不需要的媒体，单击鼠标右键，选择快捷菜单中的【从剪辑箱删除】选项，即可把媒体从剪辑箱中删除。

3.2.4　添加到库

时间轴上编辑好的媒体可保存到【库】中，保存的方法是单击鼠标右键，在打开的快捷菜单中选择【添加到库】选项，跳转到【库】窗口并新建一个库文件夹，此时可以给库文件夹命名，新建的库文件夹保存在 CS 默认安装目录的库文件夹中，若以后使用此媒体可从 CS 库中调入。

3.2.5　属性

选择剪辑箱中的某媒体，单击鼠标右键打开快捷菜单，选择【属性】选项，查看媒体的属性。图像文件查看内容包括文件大小、修改、图片格式、宽度、高度、颜色、格式等；音频、视频文件查看内容包括媒体的长度、音频格式、帧、速率等。

3.3　案例

3.3.1　微视频案例——《制作电子相册》

【案例描述】

· 知识点内容简述

电子相册是指可以在计算机上观赏的不同于静止图片的特殊文档，其内容不限于摄影图片，还可包括艺术创作图片。运用软件将数字化的图片转化为动态视频，为多幅图片添加动态效果、音频、文字等修饰效果。

案例将运用 CS 软件的剪辑箱、转场、可视化属性以及音频等功能，将表现同一主题的若干图片制作为电子相册。

· 技术实现思路

用百度搜索引擎以"美丽九寨沟"为关键字，搜索并获取九寨沟景色数字化图片，运用 PS 软件对图片进行精美加工；运用 CS 软件将加工后的数字化图片添加前景、背景、音频以及动画效果等后，制作出精美的电子相册并生成视频。

制作完成的视频参见 ..\3.3.1\ 制作电子相册 .mp4。

【案例实施】

· 知识点内容脚本

电子相册就是把数字化的图片文件，通过专业软件加上前景、背景、音频和动感视频素材等，然后利用影视特效、转场效果制作成视频文件，或以 VCD、DVD 等格式刻录到光盘上。它不仅是一种可长期保存图片的方式，也是一种动态的多媒体存储方式，易于保存、易于复制、易于展示，具有娱乐性、观赏性和时尚性等特点。

美丽九寨沟数字化图片的获取操作如下。

步骤 1　用 IE 浏览器打开百度搜索引擎。

步骤 2　以"美丽九寨沟"为关键字，搜索并下载九寨沟景色数字化图片，分别保存为（..\3.3.1\1.png 至 ..\3.3.1\10.png）。

运用 PS 软件对图片添加相框的主要操作如下。

步骤 1　启动 PS 软件，打开（..\3.3.1\1.png）图片文件。

步骤 2　选择 PS 菜单栏中的【图像】>【画布大小】菜单，在【宽度】和【高度】数值框中各增加 2cm，然后单击【确定】按钮，扩展画布。

步骤 3　选择【工具】面板中的【矩形选框】工具，先选定全部画面，再从工具选项栏中单击【从选区减去】按钮，然后在图像文件中选择图像区域。

步骤 4　打开（..\3.3.1\ 背景 .png）图片文件，按 Ctrl+A 组合键将图像全选，并按 Ctrl+C 组合键拷贝图像内容。

步骤 5　返回"1.png"所在图层，选择【编辑】>【贴入】命令，将背景图像贴入到正在编辑的图像文件中。

步骤 6　选择贴入的新图层，在【图层】面板中，单击【添加图层样式】按钮，在弹出的菜单中选择【斜面和浮雕】命令，打开【图层样式】对话框，设置【深度】为300%，【大小】为 7 像素，单击【光泽等高线】下拉面板按钮，在下拉面板中选择【画圆步骤】选项。

步骤 7　在【图层样式】对话框左侧样式列表中选择【投影】样式，设置【不透明度】为 45%，【大小】为 10 像素，然后单击【确定】按钮应用图层样式效果。

步骤 8　单击【文件】>【存储为】菜单，保存图像为（..\3.3.1\1A.png）文件。

运用 PS 软件通过上述方法，给其他图片全部添加相框，图片分别保存为 2A.png……10A.png，操作不再叙述。

· CS 编制相册

运用 CS 软件编制相册，其操作步骤如下。

步骤 1　启动 CS 软件，单击工具栏中的【导入媒体】按钮，打开【打开文件】对话框。

步骤 2　在打开文件窗口中，选择（..\3.3.1\1A.png……10A.png）10 个图片文件，单击【打开】按钮，10 个图片加载到 CS 软件的【剪辑箱】中。

步骤 3　再次单击工具栏中的【导入媒体】按钮，打开【打开文件】对话框，选择（..\3.3.1\ 钢琴曲 .mp3）音频文件，单击【打开】按钮，音频文件加载到 CS 软件的【剪辑箱】中。

步骤 4　在时间轴左侧单击【插入轨道】按钮，增加一个轨道 2。

步骤 5　CS 剪辑箱中的媒体资源按类存放，从图像类中用鼠标拖曳的方式，将 1A.png 图片拖曳至 CS 轨道 2 上，然后再次将 2A.png 图片拖曳至 CS 轨道 2 上并紧随 1A.png 图片后，类推将其他 8 张图片拖曳至 CS 轨道 2 上。

步骤 6　单击 CS 软件选项栏中【转场】选项，打开转场选项窗口，从中选择【页转到】效果，按下鼠标左键将该效果拖曳到轨道 2 的 1A.png 图片与 2A.png 图片之间，松开鼠标左键，为两张图片添加过渡效果（也就是前一图片的退出效果和后一图片的进入效果）。

步骤 7　类似于步骤 6 的操作，为其他图片间添加不同的过渡效果。

步骤 8　在时间轴上，用鼠标将播放头拖动到轨道 2 上的 2A.png 图片上。

步骤 9　单击 CS 软件选项栏中的【可视化属性】选项,打开【可视化属性选项】对话框,单击【添加动画】按钮,在 2A.png 图片上添加了动画,调整动画的时间长度与图片播放时间相同。

步骤 10　在【可视化属性选项】对话框中,设置动画结束时的【旋转】>【Z】的数值为 360,则该图片从进入到退出会旋转 360 度。

步骤 11　类似于步骤 8-10 的操作,为其他图片间添加不同的动画效果。

步骤 12　从 CS 剪辑箱中选择(钢琴曲 .mp3)音频,用鼠标拖曳的方式,将该音频拖曳至 CS 轨道 1 上。

步骤 13　用鼠标拖动播放头的【选择开始】滑块和【选择结束】滑块,将多余部分音频选定,按键盘上的 Delete 键,将选定的多余部分音频从轨道上删除。

步骤 14　一个简单的相册制作完成后,单击 CS 工具栏中的【生成和分享】按钮,根据提示生成一个视频文件。

3.3.2　微视频案例——《重点视频回放》

【案例描述】

• 知识点内容简述

制作讲解 Flash 系列微视频,其中专题三是 Flash 基本动画。此专题讲解了逐帧动画、形状补间动画、动作补间动画。为使观看者在观看完此专题的 15 分钟视频后,再次对 3 种动画制作步骤进行重点回顾,将视频中 3 段重点视频内容剪辑,在视频最后制作一段“重点视频回放”的视频。

案例将运用 CS 软件的剪辑箱、媒体剪辑、标注等功能,对已录制的视频进行编辑,制作出“重点视频回放”视频。

• 技术实现思路

将“专题三:基本动画 .mp4”视频导入 CS 软件的剪辑箱,运用 CS 软件剪取 3 段所需视频,运用标注分别制作 3 个重点回放视频的标题,最终形成一段完整的重点内容回放的视频。

制作完成的视频参见 ..\3.3.2\ 重点视频回放 .mp4。

【案例实施】

• 知识点内容脚本

Flash 基本动画包括逐帧动画、形状补间动画、动作补间动画 3 种。制作讲解 3 种动画的微视频,该视频的文件名为“专题三:基本动画 .mp4”。用 CS 软件录制完该视频,在编辑过程中复制 3 类动画中的重点部分视频,剪辑生成“重点视频回放”片段媒体,粘贴在整体视频之后。重点回放视频中包括 3 类动画精简的操作步骤。

以教汉字“干”字的笔顺为例,创建逐帧动画,操作步骤如下。

步骤 1　在 Flash 中,执行【文件】>【新建】命令,新建一文档。

步骤 2　在时间轴上选中第 1 帧,用铅笔工具画出一横。

步骤 3　在时间轴上选中第 10 帧并插入关键帧,然后用铅笔工具画出第二横。

步骤 4　在时间轴上选中第 20 帧并插入关键帧,然后用铅笔工具画出一竖。

以圆变成正方形的过程为例,创建形状补间动画,操作步骤如下。

步骤 1　Flash 中,在时间轴上选中第 1 帧,选择【椭圆】工具,在舞台左下部按住 Shift 键画圆。

步骤 2　第 30 帧插入空白关键帧,选择【矩形】工具,在舞台右上部按住 Shift 键画正方形。

步骤 3　在时间轴第 1 帧至第 30 帧中间的任意一帧上,单击鼠标右键打开快捷菜单,选择【创建补间形状】选项。Flash 会自动补充第 1 帧至第 30 帧形状变化过程,形成形状补间动画。

动作补间动画操作步骤略。

以上操作步骤，完成了3类动画的制作。同时运用CS的录制屏幕功能对制作过程进行了录制，并生成视频文件，见（..\3.3.2\ 专题三：基本动画 .mp4）。

· CS 剪辑视频

运用 CS 软件制作"重点视频回放"视频，操作步骤如下。

步骤 1　启动 CS 软件，单击工具栏中【导入媒体】按钮，打开【打开文件】对话框。

步骤 2　在【打开文件】对话框中选择（..\3.3.2\ 专题三：基本动画 .mp4）视频文件，单击【打开】按钮，视频加载到 CS 软件的【剪辑箱】中。

步骤 3　从 CS 剪辑箱中，用鼠标拖曳的方式，将"专题三：基本动画 .mp4"视频拖曳至 CS 轨道 1 上。

步骤 4　用鼠标拖动播放头的【选择开始】滑块，使其处于 2:40;16 时间处，拖动播放头的【选择结束】滑块，使其处于 3:22;01 时间处，即选择了此片段视频（此片段视频为逐帧动画操作步骤视频，暂时称为片段媒体 1），然后按 Ctrl+C 组合键对片段视频进行复制。

步骤 5　将播放头移至轨道 1 视频之后，按 Ctrl+V 组合键对片段视频进行粘贴。

步骤 6　重复步骤 4 ～ 5，分别将时间为 4:34;07 至 6:34;19（称片段媒体 2）和 11:20;29 至 12:08;15（称片段媒体 3）的片段视频进行复制，依次粘贴于轨道 1 后。

步骤 7　在轨道 1 上选择片段媒体 1，将播放头定位于此片段媒体前，单击选项栏中的【标注】选项，打开【标注】对话框。

步骤 8　在【标注】对话框中，单击形状区域的【文本标注】，在文本框中输入"重点视频回放"，设置字号为 72，字符颜色为红色。

步骤 9　在轨道 1 上，用鼠标拖曳的方式，将标注、片段媒体 1、片段媒体 2、片段媒体 3 依次按顺序首尾相接。

经过上述操作，即在专题三基本动画视频后，制作并添加了一段"重点视频回放"的视频。运用 CS 软件的【生成和分享】功能，将视频导出。这里只将"重点视频回放"部分的视频导出，见（..\3.3.2\ 重点视频回放 .mp4）。

第4章

库

CS 的主窗口称为编辑器窗口，库是编辑器窗口中的功能之一，本章主要介绍库的功能及使用方法。

4.1　导入媒体

库是存放视频、音频和图像等素材的容器，存放在其中的素材称为媒体资源，库中的媒体资源可添加到时间轴上用于项目的编制。

CS 库中有免费的视频、音频和图像等媒体资源，用户根据需要可导出或导入媒体资源。在库中空白处单击鼠标右键，其快捷菜单中包含导入媒体库、新建文件夹、导出库、导入压缩库、获取在线媒体以及分类按等功能，如图 4.1 所示。

图 4.1　库窗口

4.1.1　导入媒体库

导入媒体库是指将需要的媒体导入到库中。导入的方法是在库中空白处单击鼠标右键，在弹出的快捷菜单中选择【导入媒体库】选项，打开【文件】对话框，选择需要导入的媒体文件，单击【打开】按钮，媒体文件即导入到库。

4.1.2　新建文件夹

当库中的媒体资源比较多时，为方便管理媒体资源，在库中可以用建立文件夹的方式对媒体资源分类管理。方法是在库中空白处单击鼠标右键，在弹出的快捷菜单中选择【新建文件夹】选项，将同类媒体资源移动到新建的文件夹中，并给文件夹重命名。

4.1.3　导出库

导出库是将库中的媒体资源以 *.zip 的形式储存在磁盘中，以备重新安装 CS 软件时重新导入。导出的方法是在库中空白处单击鼠标右键，在弹出的快捷菜单中选择【导出库】选项，即将库中的全部资源都导出库，导出的压缩文件保存在 CS 默认安装目录的库文件夹中；若导出的是一个媒体资源，则以一个文件的形式存储在 CS 默认安装目录的库文件夹中。

4.1.4　导入压缩库

导入压缩库是将储存在磁盘上的媒体资源压缩文件导入到库中。方法是在库中空白处单击鼠标右键，在弹出的快捷菜单中选择【导入压缩库】选项，选择媒体资源压缩文件即可。

4.1.5　获取在线媒体

CS 软件的官方网站中有很多资源供用户使用，用户根据需求可在线将所需媒体资源导入所编辑项目的库中。方法是在库中空白处单击鼠标右键，在弹出的快捷菜单中选择【获取在线资源】选项，跳转到 CS 软件官方网站，选择所需资源即可。

4.1.6　分类

加载到库中的媒体资源可分类显示，分类有名称和持续时间两种形式。在库中空白位置单击鼠标右键，在弹出的快捷菜单中，根据需要进行选择。

4.2　媒体资源的管理

库中有多类媒体资源，其存储在不同的文件夹中。文件夹及文件夹中的媒体文件按照名称、持续时间进行排序，若想改变它们的排列顺序，单击名称或持续时间标题行。

4.2.1　文件夹的操作

文件夹的操作包括导入媒体到文件夹、展开（折叠）文件夹、从库中删除、导出库、属性等操作，如图 4.2 所示。

导入媒体到文件夹是指将需要的媒体资源导入到库指定的文件夹中。方法是在某文件夹上单击鼠标右键，在弹出的快捷菜单中选择【导入媒体到文件夹】选项，打开文件窗口，选择导入的媒体文件，单击【打开】按钮，完成媒体文件的导入。

库各文件夹中包含了多个媒体文件，查看这些媒体文件需要展开文件夹，方法有两种，一是在某文件

图 4.2　库中文件夹操作

夹上单击鼠标右键，在弹出的快捷菜单中选择【展开文件夹】选项；二是单击文件夹前面的加号展开文件夹。

文件夹其他的操作与文件操作相似，此处不再叙述。

4.2.2　文件的操作

库中媒体文件的操作包括添加到时间轴播放、预览、从库中删除、导出库、重命名、属性等，如图 4.3 所示。

1.　添加到时间轴播放

添加到时间轴播放是指将媒体放置于时间轴的轨道上，用于对其进行进一步的编辑。方法有鼠标拖曳和快捷键两种。

（1）鼠标拖曳

选中库中某个媒体文件，按下鼠标左键用拖曳的方法将其添加到时间轴的某轨道上；若选中多个媒体文件，将它们拖曳到时间轴的轨道上，其在轨道上的排列顺序取决于在库中媒体文件的选择顺序。

（2）快捷键

选中一个（或多个）媒体，单击鼠标右键打开快捷菜单，选择【添加到时间轴播放】菜单，即将媒体文件添加到时间轴的轨道上。

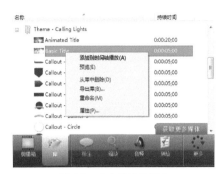

图 4.3　库中媒体的操作

2. 预览

库中的媒体文件在未加载到时间轴的轨道上时，也可以在 CS 预览窗口中预览。方法是在媒体文件上单击鼠标右键，在打开的快捷菜单中选择【预览】菜单，预览窗口中即播放媒体。

3. 从库中删除

对于库中无用的媒体文件可以从该项目中删除，方法是在文件上单击鼠标右键，选择快捷菜单中的【从库中删除】命令。

4. 导出库

从库中导出媒体文件的方法参照 4.1.3 的内容。

5. 重命名

库中的媒体文件重命名的方法是，在媒体文件上单击鼠标右键，选择快捷菜单中的【重命名】命令。

6. 属性

库中媒体文件属性查看的方法是，在媒体文件上单击鼠标右键，在打开的快捷菜单中选择【属性】菜单，打开属性窗口。图片文件查看内容包括文件的类型、大小、尺寸等；音频、视频文件查看内容包括媒体的大小、持续时间等。

4.3　清理库

运用 CS 编辑项目时，经常会对其库的媒体文件进行添加、删除、移动等操作，为对库进行维护，可以进行清理库的操作，一旦执行了清理库命令，就无法恢复到该库以前的版本。

清理库的方法是执行 CS 菜单中【工具】>【选项】命令，打开【选项】对话框并选择【程序】选项，单击【清理库】按钮。

4.4　案例

微视频案例——《系列视频片头制作》

【案例描述】

· 知识点内容简述

Flash 是比较优秀的网络动画编辑软件之一，为方便用户学习 Flash 软件，以动画基本知识、帧的基本知识、Flash 基本动画、图层、文本创建编辑、元件、实例、音频、视频等 9 个专题，开发系列微视频。系列微视频开发中，每个专题视频的片头基本相同。

案例将运用 CS 软件的库、标注、动画等功能，制作系列专题微视频的统一片头。

· 技术实现思路

运用 CS 软件自身带有的大量媒体资源（包括音频、视频等），结合标注、动画的使用，创建精美的视频片头，同时将该片头保存于 CS 软件库中。

制作完成的视频参见 ..\4.4.1\ 系列微视频片头制作 .mp4。

【案例实施】

· 知识点内容脚本

Flash 软件是一款比较优秀的网络动画编辑软件，广泛应用于教学、宣传等领域。学习人群庞大，为方便诸多学习者学习，将 Flash 软件的主要知识分为动画基本知识、帧的基本知识、Flash 基本动画、图层应用、文本创建编辑、元件、实例、音频应用、视频应用等 9 个专题，设计、开发系列微视频。

系列微视频开发中，需要制作每个专题视频的片头。

片头的主标题内容为"Flash 系列视频"，片头文本需要设置其淡入效果、放大镜头、转场效果等，同样各专题标题内容，如"专题一：动画基本知识"，也需要设置这些效果。另外，需要对片头添加背景音乐；片头总时长为 15 秒；制作完成后将片头保存于 CS 软件库中。

制作完成的视频见（..\4.4.1\ Flash 片头 .mp4）。

· CS 制作片头

运用 CS 软件编辑 Flash 软件系列微视频片头，操作步骤如下。

步骤 1　启动 CS 软件，执行选项栏中的【库】命令，打开库窗口。

库窗口中有大量 CS 软件自带的媒体资源，这些资源以文件夹、文件的方式显示在库窗口中。

步骤 2　在库窗口中选择"Theme-Digital stands"文件夹下的"Animated Title"，双击该片头，在 CS 预览窗口观看片头效果。

步骤 3　在时间轴左侧单击【插入轨道】按钮，添加轨道 2；从库窗口中，用鼠标拖曳的方式，将"Animated Title"片头拖曳至 CS 轨道 2 上。

步骤 4　在轨道 2 该片头媒体上，单击鼠标右键打开快捷菜单，选择【取消编组】菜单，此时轨道 2 上的片头媒体分为两个轨道，轨道 2 是片头视频，轨道 3 是片头标题。

步骤 5　将轨道 3 的片头标题删除，选择轨道 2 片头媒体，将鼠标移动至媒体结束位置，此时鼠标呈现为双向箭头，按下鼠标左键向左侧拖动，调整媒体播放时间长度为 15 秒。

步骤 6　选择轨道 3，单击选项栏中【标注】选项，打开标注窗口，单击形状区域的【文本标注】，即在轨道 3 上添加了文本标注。

步骤 7　选择轨道 3 上的文本标注，调整其播放时间长度为 8 秒。

步骤 8　在标注窗口文本区域的文本框中输入"Flash 系列视频"，设置字号为 72，字符颜色为红色。

步骤 9　在标注窗口的属性区域中，设置【淡入】的时间为 1.5 秒。

步骤 10　选择轨道 3 的片头标题媒体，将播放头移至开始位置，单击选项栏中的【可视化属性】选项，打开【可视化属性】对话框。

步骤 11　在【可视化属性】对话框中，单击【添加动画】按钮，添加动画效果，用鼠标向右拖动动画结束的圆句柄，使动画的播放时间开始为 0 秒，结束为 5 秒。

步骤 12　选择轨道 3 上的动画，将播放头移至动画结束圆句柄上，调整可视化属性窗口中的【尺寸】值为 270%，使标题文本从开始 100% 至结束放大为 270%。

步骤 13　选择轨道 3 上标题媒体，单击选项栏中的【转场】选项，打开转场选项窗口。

步骤 14　从转场窗口中，将【褪色】转场效果拖曳至标题媒体的结束位置，在轨道上用鼠标拖动转场效果的开始位置，调整转场效果播放时间长度为 2 秒。

步骤 15　单击选项栏中的【标注】选项，打开标注窗口，在轨道 3 的 8 秒后再添加一个标注，设置标注的文本为"专题一：动画基本知识"，用前述的方法设置此标注的字号、颜色、淡入及动画效果等（不再重述）。

步骤 16　单击选项栏中的【库】选项，打开标注窗口，在库窗口中选择"Music-Amity"文件夹下的"Full Song"音频。

步骤 17　从库窗口中，用鼠标拖曳的方式，将"Full Song"音频拖曳至轨道 1 上。

步骤 18　在轨道 1 上，用鼠标拖动播放头的【选择开始】滑块和【选择结束】滑块，将 15 秒以后多余音频选定，然后按键盘上的 Delete 键删除多余音频。

步骤 19　将轨道 1、轨道 2、轨道 3 上的媒体全部选定，单击鼠标右键打开快捷菜单，选择【组】菜单，使 3 个轨道上的全部媒体组合成为一个组，并显示在轨道 1 上。

步骤 20　选择轨道 1 上的组，单击鼠标右键打开快捷菜单，选择【添加资源到库】菜单，在库窗口为新增的资源命名为"Flash 片头"。

经过上述操作，即制作了一个 Flash 系列视频的片头，同时保存在 CS 软件安装目录中的库文件夹中。制作其他专题片头时，只需要在 CS 软件库中调出此片头，对专题标题文本进行修改即可。

第5章

预览窗口与画布

CS 主窗口称为编辑器窗口，它分为多个功能窗口，其中预览窗口与画布就是功能窗口之一。本章介绍预览窗口与画布的功能及使用方法。

5.1 预览窗口

预览窗口能够对导入到剪辑箱和库中的媒体进行预览。将媒体从剪辑箱或库中加载到时间轴后，通过预览窗口能直观地观看媒体预览、剪辑的效果，方便用户在时间轴上进行媒体的编辑。预览窗口包含工具栏、播放控制按钮和画布，本节先介绍工具栏和播放控制按钮。

5.1.1 工具栏

预览窗口工具栏位于预览窗口顶部，包括编辑尺寸、画布缩放、切换裁剪模式、泛模式切换、切换到全屏模式、分离或附加视频预览等 6 个工具，如图 5.1 所示。

1. 编辑尺寸

加载到时间轴轨道上的媒体可以通过预览窗口进行预览，但最终生成视频的画面尺寸则需要进行设置。在预览窗口中设置画面尺寸，通过【编辑尺寸】按钮进行设置。尺寸的编辑对加载到时间轴轨道上的图片、视频等均起作用，同时还可以改变画面背景颜色。

编辑尺寸的方法有两种：一是单击预览窗口工具栏中的【编辑尺寸】选项，打开【编辑尺寸】对话框；二是在画布的空白处单击鼠标右键，在弹出的快捷菜单中选择【编辑尺寸】选项，打开【编辑尺寸】对话框，如图 5.2 所示。【编辑尺寸】对话框中包括尺寸选择、自行定义宽度与高度、锁定纵横比、背景颜色选择 4 个部分。

图 5.1　预览窗口工具栏

图 5.2　编辑尺寸对话框

（1）尺寸选择

【编辑尺寸】对话框中提供了尺寸选择，用户单击编辑选项的下拉列表框，可以从列出的几种尺寸中选择所需要的尺寸，如图 5.3 所示。

（2）自行定义宽度与高度

自行定义宽度与高度和锁定纵横比配合使用。当勾选锁定纵横比复选框时，如果在宽度或高度文本框中填写其中一项数值，则另一项数据会按固定比例自动得到；反之，若不勾选锁定纵横比复选框，宽度和高度数值均由用户根据需要进行填写。

（3）背景颜色

背景颜色是指媒体置于画布上的背景颜色。在【编辑尺寸】对话框中，单击背景颜色按钮，弹出【调色板】，此时可通过 3 种方法设置背景颜色：一是在【调色板】中选择所需要的背景颜色；二是选择【吸管工具】从桌面上自由选择所需要的颜色；三是单击【更多背景颜色】打开颜色选择对话框，进行更多颜色的设置与选择，如图 5.4 所示。

图 5.3　尺寸选择界面　　　　　　　　　　　　图 5.4　背景颜色界面

2. 画布缩放

预览窗口中预览媒体时，为方便用户观看到媒体的整体或细节部分，CS 提供了画布的缩放以及设置缩放级别。

画布缩放方法有两种。一种是单击预览窗口工具栏中的【画布缩放】按钮，在弹出的下拉菜单中选择缩放级别，缩放级别有 25%、50%、75%、100%、200%、300%、缩放至适合等几种，如图 5.5 所示；二是在画布空白处单击鼠标右键，在弹出的快捷菜单中直接选择缩放比例，比例同上。CS 软件提供的画面缩放只是方便用户观看媒体，不影响最终视频生成时的尺寸。

3. 切换裁剪模式

预览窗口工具栏中的【切换裁剪模式】按钮，可以在裁剪模式与非裁剪模式间切换。当【切换裁剪模式】按钮处于非按下状态时，为非裁剪模式，预览窗口中媒体周围有白色边框线和圆句柄，此时可以调整媒体在画布上的大小、位置等，不能对媒体进行裁剪。当【切换裁剪模式】按钮处于按下状态时，为裁剪模式，此时媒体周围有蓝色边框线和方句柄，运用鼠标调整媒体上句柄，实现媒体的裁剪、位置移动等，如图 5.6 所示。

图 5.5　画布缩放界面　　　　　　　　　　　　图 5.6　切换裁切模式界面

4. 泛模式切换

预览窗口工具栏中的【泛模式切换】按钮，可以在泛模式与正常模式间切换。方法是单击预览窗口工具栏中的【泛模式切换】按钮。正常模式下画布是固定的，不可以用鼠标拖动的方式改变画布在预览窗口中的位置。泛模式下通过鼠标拖动的方式，不仅能够改变画布在预览窗口中的位置，还可以滚动鼠标滚轮来放大和缩小画布。

5. 切换到全屏模式

为了更加仔细地观看视频剪辑的效果，可以选择切换到全屏模式。单击预览窗口工具栏中的【切换到全屏模式】按钮，启动全屏模式，此时媒体画面占据了计算机整个屏幕。按 Esc 键退出全屏。

6. 分离或附加视频预览

为了更好通过预览窗口观看视频剪辑的效果，还可以将预览窗口从 CS 的主窗口中分离出来，以单一的窗口显示。单击预览窗口工具栏中的【分离或附加视频预览】按钮，预览窗口即可与主窗口分离，分离后的预览窗口，可以像其他 Windows 窗口一样进行操作。再次单击【分离或附加视频预览】按钮，预览窗口又会附加在 CS 的主窗口中。

5.1.2　播放控制按钮

预览窗口的底部是播放控制区，该区域中包括播放、暂停、向前一步、后退一步、前一个剪辑和下一个剪辑等按钮，播放按钮右侧的时间是预览窗口中媒体的已播放时长和媒体总时长，如表 5.1 所示。

表 5.1　播放控制按钮表

播放控制按钮	选择	热键	描述
	前一个剪辑	Ctrl+Alt+←	将播放头移到时间轴轨道上的前一个剪辑
	后退一步	Ctrl+← 按住两个按键实现快退	快退视频帧
	播放/暂停	空格键	开始播放视频，再次单击则暂停播放视频
	向前一步	Ctrl+→ 按住两个按键实现快进	快进视频帧
	下一个剪辑	Ctrl+Alt+→	将播放头移到时间轴轨道上的下一个剪辑
	时间进度滑块		显示播放时间进度表
0:05:10.16 / 0:05:15.26	时间		显示媒体已播放的时间与媒体总时间长，时间显示的格式是：时:分钟:秒;帧

5.2　画布

5.2.1　画布

画布如同画纸，是编辑媒体的工作区。对于画布的操作包括设置编辑尺寸和画布缩放两类，在画布空白处单击鼠标右键，弹出的快捷菜单中有编辑尺寸和画布缩放两类命令。前面介绍预览窗口工具栏时已经做了详细介绍，在此不再赘述。

5.2.2　画布上的操作

媒体摆放在画布上以后，需要对媒体进行编辑，在画布上对媒体的编辑包括移动媒体位置、调整媒体大小、旋转媒体、改变媒体叠放顺序、组合媒体等操作，如图5.7所示。

1. 移动媒体位置

显示在画布上的媒体，其位置可能不符合用户的要求，需要对媒体进行位移。移动媒体位置的方法有两种：一是选中媒体，用鼠标拖曳的方式可直接移动媒体在画布上的位置；二是选中媒体，利用键盘上的方向键进行媒体位置的移动。

2. 调整媒体大小

显示在画布上的媒体，往往需要对其大小进行调整。

图5.7　画布上媒体的操作界面

在画布上选择媒体，此时媒体四周以及中心位置出现圆句柄，把鼠标移至媒体边缘的圆句柄上，按住鼠标左键拖动圆句柄改变媒体的大小。

3. 旋转媒体

显示在画布上的媒体，往往需要对其呈现角度进行调整。在画布上选择媒体，此时媒体中心位置出现圆句柄，鼠标移至中心位置的圆句柄上，圆句柄会变为绿色圆句柄，在绿色圆句柄上按住鼠标左键可以自由旋转媒体。

4. 媒体叠放顺序

当在时间轴的同一帧的画布上放置两个以上媒体时，就涉及媒体的叠放顺序。调整媒体叠放顺序的命令有移至顶部、上移一层、下移一层、移至底部4个。调整媒体叠放顺序的方法是，选中媒体并单击鼠标右键，在弹出的快捷菜单中选择移至顶部、上移一层、下移一层、移至底部等相应菜单，就会实现媒体叠放顺序的调整，如图5.8所示。

5. 媒体组合

画布上编辑完成的多个媒体，可以组合为一个对象，也可以将组合的对象取消组合。组合媒体可在画布上操作，也可在时间轴上操作，如图5.9所示。

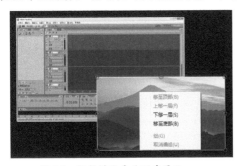

图5.8　调整媒体叠放顺序界面

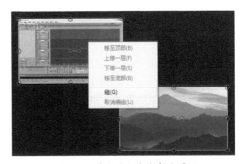

图5.9　媒体的组合或拆分界面

画布上组合与拆分媒体。首先将要组合的媒体选中，然后单击鼠标右键，在打开的快捷菜单中选择【组】命令，就会将选择的媒体对象组合为一个对象。选择已组合的媒体对象，单击鼠标右键，在打开的快捷菜单中选择【取消编组】命令，就会将该组合对象拆分为多个对象。

时间轴上组合或拆分媒体。首先在时间轴上按住 Ctrl 键，选中需要组合的媒体，执行上述同样的步骤，会实现媒体的组合或拆分。

5.3　案例

微视频案例——《PS 选区基本知识》

【案例描述】

- 知识点内容简述

Photoshop CS6 是一款专业的图片处理软件，其选区操作是处理图片的重要功能之一。运用思维导图概述出选区操作包括创建选区、基本操作、编辑选区、应用选区等及其间的逻辑关系，再分别对各知识点讲解，清晰选区的概念及各知识点间的逻辑关系。

案例将运用 CS 软件的静态标注、画布上对象的基本操作等功能，制作思维导图形式的视频。

- 技术实现思路

运用 CS 软件的静态标注、画布上对象操作等功能，制作概述 PS 软件选区操作的思维导图的视频；制作讲解选的 PPT 演示文稿，运用 CS 软件录制 PPT、讲解音频；编辑视频，把两部分视频合并，形成讲解知识点的完整视频。

制作完成的视频参见 ..\5.3.1\PS 选区基本知识 .mp4。

【案例实施】

- 知识点内容脚本

PS 软件编辑、修饰图像之前，往往需要指定操作的区域即选区。选区的操作需要 PS 的相应工具来完成，选的操作包括创建选区、基本操作、编辑选区、应用选区等。

1. 思维导图

2. 选区

（1）创建选区

① 建立规则形状选区

② 建立不规则形状选区

（2）基本操作

① 全选与反选

② 取消选择或重新选择

③ 移动选区

④ 选区运算

（3）编辑选区

① 调整边缘

② 扩展选区

③ 收缩选区

④ 平滑选区

⑤ 羽化选区

⑥ 扩大选区和选区相似

⑦ 移动与变换选区

（4）应用选区

① 剪切、拷贝和粘贴选区

② 合并拷贝

③ 贴入

· CS 案例实现

1. CS 标注与画布运用

步骤 1　启动 CS 软件，在编辑器中单击【剪辑箱】选项，打开剪辑箱窗口。

步骤 2　单击鼠标右键，弹出快捷菜单，选择【导入媒体】选项，选择（..\5.3.1\ 幻灯片 1.png）。

步骤 3　将图片按住鼠标左键拖曳到时间轴的轨道 1 上，调节其在画布上的大小，使其铺满整个画布，设置其播放持续时间为 1 分 6 秒 6 毫秒。

步骤 4　在编辑器中单击【语音旁白】选项，打开【语音旁白】对话框，选择轨道 2，单击【开始录制】按钮，录制 1 分 6 秒 6 毫秒的讲解音频。

步骤 5　选择轨道 3，在编辑器中单击【标注】选项，打开标注窗口，将播放头定位在（00:00:24;00）时间位置。

步骤 6　在标注窗口的【形状】选项中单击【矩形静态标注】选项，此时预览窗口中的画布上添加了一个标注。

步骤 7　在标注窗口的【文本】选项中，设置该矩形静态标注的背景颜色为"灰"，【标注】文本框中输入"选区"，设置字体为"宋体"、字号为"20"、颜色为"黑色"，在画布上调整该矩形静态标注大小至合适、位置位于画布的上方中间，设置其播放持续时间为 1 分 6 秒 6 毫秒。

步骤 8　参照步骤 4 至 6，分别在轨道 4 的 26 秒处、轨道 5 的 28 秒处、轨道 6 的 30 秒处、轨道 8 的 34 秒处、轨道 10 的 38 秒处、轨道 12 的 42 秒处，运用直线标注绘制思维导图连线，每条连线播放结束时间均为 1 分 6 秒 6 毫秒处。

步骤 9　重复步骤 5 至 6，分别在轨道 7 的 32 秒处、轨道 9 的 36 秒处、轨道 11 的 40 秒处、轨道 13 的 44 秒处，运用矩形静态标注绘制出"创建选区""基本操作""编辑选区""应用选区"思维导图其余部分，每个矩形静态标注播放结束时间均为 1 分 6 秒 6 毫秒处，形成选区基本知识思维导图的视频。

2. CS 录制 PPT

步骤 10　运用 CS 软件录制（..\5.3.1\PS 选区基本知识 .ppt）演示文稿，生成视频（..\5.3.1\PS 选区基本知识 .avi）的操作参见案例 2.5.3 的操作步骤。

3. CS 合并视频

步骤 11　从剪辑箱中将录制 PPT 生成的视频拖曳到轨道 1 上，也就是前述制作的思维导图视频之后（1 分 6 秒 6 毫秒之后），该片段视频的编辑不再重述。

步骤 12　单击【文件】>【生成和分享】菜单，选择【自定义生成设置】命令，根据提示完成视频的渲染。

第6章

时间轴

CS 的主窗口称为编辑器窗口，时间轴是编辑器窗口的重要组成部分。视频的编辑主要通过时间轴来完成，熟练、巧妙运用时间轴是编辑高质量视频的保障。

时间轴主要包括工具栏、刻度尺、播放头、显示或隐藏视图、轨道、轨道缩放、组、媒体编辑菜单、轨道编辑菜单等，如图 6.1 所示。

图 6.1　时间轴界面

6.1　工具栏

时间轴工具栏是对时间轴上的媒体进行简单编辑的快捷工具，它包括缩放条、撤销、重做、剪切、分割、复制、粘贴等工具，如图 6.2 所示。

图 6.2　时间轴工具栏

6.1.1　缩放条

缩放条包括缩小、放大和缩放滑块 3 部分。在缩放条上单击鼠标右键，打开的快捷菜单中包括缩放到适合、缩放到选择、缩放到最大 3 个菜单项。

缩放条的功能是可以使轨道上的视频、音频在原始比例基础上放大或缩小后显示在轨道上，以便于用户更精准地选择、编辑媒体。

轨道上媒体的缩放，通过缩小、放大和缩放滑块可以实现。单击缩小按钮时，缩放滑块向缩放条左侧移动，表示轨道上的媒体缩小一定比例；单击放大按钮时，缩放滑块向缩放条右侧移动，表示轨道上的媒体放大一定比例；运用鼠标向左或向右拖动缩放滑块，同样可以缩小或放大轨道上媒体的比例。

在缩放条上单击鼠标右键，在打开的快捷菜单中选择【缩放到适合】，表示轨道上的媒体缩放至原始比例；选择【缩放到选择】，表示缩放的比例以用户在轨道上选择的片段媒体为缩放参照；选择【缩放到最大】，轨道上的媒体会以帧为单位显示，即可以按帧来选择、编辑轨道上的媒体。

6.1.2　撤销与重做

编辑视频时，经常会出现错误操作，为恢复到操作前的状态，可单击工具栏上的【撤销】按钮，撤销最后一次操作。撤销操作没有次数限制，即可以撤销多次操作。撤销操作的组合键为 Ctrl+Z。

重做与撤销为相反的操作，组合键为 Ctrl+Y。

6.1.3　剪切、 复制、 粘贴

编辑视频过程中，经常会对某一轨道上某一片段媒体进行剪切、复制、粘贴等操作，就可以运用工具栏中相应的按钮完成。剪切操作的组合键为 Ctrl+X；复制操作的组合键为 Ctrl+C；粘贴操作的组合键为 Ctrl+V。

6.1.4　分割

编辑视频时，经常会在某一轨道的某一帧上，将媒体拆分为两部分，也就是 CS 中的分割。

拆分前先把其他轨道锁定，选择要进行拆分的轨道，将播放头定位在需要拆分的位置，单击工具栏中的【分割】按钮，此时会将视频分割成两个部分。

拆分后的两段视频间，在轨道上有拆分线。把鼠标移动到前一段视频结束的拆分线上，此时鼠标变为双向箭头，按下鼠标左键向左拖动，调整该视频的结束位置。用同样的方法可以调整后一段视频的开始位置。

在后一段视频上按下鼠标左键，然后向右侧拖动，将该视频位置向右移，此时两段视频间有空间，可以加载其他的片段视频。

如果需要将多个轨道上的媒体在同一时间点（或帧）上，一次实现拆分，就需要将这些轨道打开并处于解锁状态，将播放头定位于拆分位置，然后执行【编辑】菜单的【分割全部】命令。

6.2　刻度尺与播放头

6.2.1　刻度尺

刻度尺是时间轴上选取视频的重要参考依据。刻度尺上的时间表示时、分、秒、帧，其格式为 00:00:00;00。因为视频在时间轴上的顺序是从左向右，所以以刻度尺上某一点的时间即代表了视频的时间长度。

刻度尺上显示的时间随着视频比例的缩放而变化。当视频缩放到合适的状态时，刻度尺上的时间刻度线代表 30 秒，也就是说两个刻度线之间为 30 秒；当视频放大到最大状态时，刻度尺上的时间刻度线代表 1 帧，也就是说两个刻度线之间为 1 帧，以 30 帧为 1 秒（该软件以 30 帧为 1 秒）。

因此刻度尺上面刻度线的规模变化与时间轴的缩放级别密切相关。当通过缩放条改变时间轴的缩放时，刻度尺也随着进行缩放。

将缩放条、刻度尺、播放头 3 者配合使用，可以很方便地选取片段视频。

6.2.2　播放头

播放头由选择开始、播放头、选择结束 3 部分组成，【选择开始】滑块为绿色，它在播放头的左侧；【选择结束】滑块为红色，它在播放头的右侧；【播放头】滑块在中间为灰色。

在时间轴刻度尺的某一个位置上，单击鼠标左键，播放头就会定位在该位置处，同时 3 个滑块聚在一起。如果在时间轴刻度尺上，用鼠标拖动播放头的 3 个滑块使其分散，当任意双击某一

个滑块时，3个滑块即聚在一起。

播放头所在的位置，该帧视频就被选定，在预览窗口中就会显示当前选定帧的视频内容。

6.3　轨道

时间轴是编辑视频的重要组成部分，时间轴包含若干轨道，用户根据需要随时增、减轨道的数量。时间轴上的每条轨道均可以加载视频、音频、图像、动画等媒体。

轨道垂直方向的排列顺序，决定着最终生成视频媒体画面的前后顺序，时间轴上部轨道的媒体画面距离人视觉最近，时间轴下部轨道的媒体画面距离人视觉最远。垂直方向所有轨道同一帧的画面会同一个时间播放。

同一轨道水平方向上媒体的排列顺序，决定着最终生成视频媒体画面播放的先后顺序。排列在轨道左侧的视频先播放，排列在轨道右侧的视频后播放，因此轨道水平方向实质就是视频播放的时间线。

当轨道数量比较多时，轨道窗口右侧即会出现垂直滚动条；当某一轨道媒体时间较长时，轨道窗口下部即会出现水平滚动条。

轨道的操作主要包括插入轨道上方、插入轨道下方、删除空轨道、重命名轨道、选择轨道上的所有媒体、打开或关闭轨道、锁定或解锁轨道、缩放轨道、应用语音到文本到时间轴、应用智能聚焦到时间轴等。轨道窗口如图6.3所示。

图 6.3　轨道窗口

6.3.1　增、减轨道

时间轴上的轨道，用户根据需要可以随时增、减，此方面的操作主要包括插入轨道上方、插入轨道下方、删除空轨道等。

1．插入轨道

插入轨道的方法有3种：一是在时间轴左侧有一【+】号按钮，此按钮为插入轨道按钮，单击此按钮即可在当前轨道上方添加一个新的轨道；二是在任何轨道上的空白位置单击鼠标右键，在打开的快捷菜单中选择【插入轨道上方】菜单，即可在所有轨道的最上方插入一个新的轨道，而插入轨道下方的操作，只对时间轴上的最底层轨道有效，即选择轨道1之后，执行该操作，就会在轨道1的下方插入一个新的轨道；三是通过从剪辑箱或库中把媒体拖曳到时间轴上，就会创建一个新的轨道。

2．删除轨道

删除轨道是指将时间轴上的全部空轨道一次性删除，方法是在任意空轨道上单击鼠标右键，在打开的快捷菜单中选择【删除空轨道】菜单，即将全部的空轨道删除。如果某一轨道中有媒体内容，想删除该轨道，必须先将轨道上的媒体删除，然后再删除空轨道。

6.3.2　重命名轨道

时间轴上添加新的轨道后，轨道的默认名称分别是轨道 1、轨道 2、轨道 3 等，用户为编辑视频方便，通过轨道名称即可知该轨道存放的媒体内容，于是可以给轨道重新命名。重命名的方法是，在选择的轨道上单击鼠标右键，在打开的快捷菜单中选择【重命名轨道】命令，在轨道名称的文本框中输入新的轨道名称即可。

6.3.3　打开或关闭轨道

时间轴上的轨道，用户根据需要可以将某一轨道打开或关闭。如果用户为了使某一轨道上的媒体不出现在画布上预览，或最终生成的视频中不包含此轨道的媒体，或不允许编辑此轨道上的媒体等，此时可以把此轨道关闭。相反则需要将该轨道打开。

例如：有时需要使用一个轨道录制讲解声音，此时就需要打开该轨道，而将其他有声音的轨道关闭，这样在该轨道就会只录制讲解的语音。

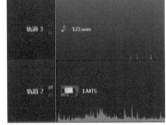

打开与关闭轨道的方法，鼠标单击轨道中左边的【打开跟踪启用内容】或【关闭跟踪禁用内容】按钮，可以在打开轨道与关闭轨道之间切换。当轨道处于打开状态时，此按钮为黑色圆圈；当轨道处于关闭状态时，此按钮变成蓝色，轨道上的媒体变成暗灰色。

如图 6.4 所示，轨道 3 为打开轨道，轨道 2 为关闭轨道。

图 6.4　打开或关闭轨道

6.3.4　锁定或解锁轨道

对轨道上媒体进行编辑时，为避免编辑到不相关的轨道，可以将不需要编辑的轨道锁定。锁定后轨道上的媒体不能够被剪切、复制、删除或粘贴。锁定后轨道上的媒体还显示在画布上并能够预览，也会出现在最后生成的视频中。

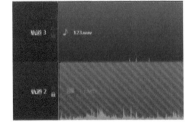

锁定或解锁轨道的方法，鼠标单击轨道中左边【锁定或解锁轨道】按钮，可以在锁定轨道与解锁轨道之间切换。

当轨道处于解锁状态时，此按钮为灰色打开的锁头；当轨道处于锁定状态时，此按钮变成蓝色锁定的锁头，轨道上的媒体变成暗灰色。

如图 6.5 所示，轨道 3 为解锁状态，轨道 2 为锁定状态。

图 6.5　解锁或锁定轨道

6.3.5　轨道缩放

编辑轨道上的媒体时，往往以较小的时间单位进行媒体片段的选择而后编辑，这时就要对轨道进行水平缩放，可通过前面介绍的缩放条来完成。有时需要对轨道垂直方向上进行缩放，缩小时会看到更多的轨道；放大时可以就某一放大后的轨道进行操作，比如设置音频点、调整音频的音量等操作。

垂直缩放轨道的方法有两种，一是通过时间轴左下角的【调整所有轨道高度】滑块，用鼠标拖动其上的滑块，向左表示所有轨道垂直缩小，向右拖动表示所有轨道垂直放大；二是将鼠标悬停在两轨道名称间的分隔线上，上下拖动鼠标改变下方轨道的垂直高度。

6.4　显示或隐藏视图

6.4.1　显示或隐藏标记视图

在时间轴左上角有【显示或隐藏视图】按钮，单击此按钮，在打开的菜单中选择【显示标记视图】或【隐藏标记视图】命令，可打开或隐藏标记视图。标记的相关内容在后面章节中介绍。

6.4.2　显示或隐藏测验视图

在时间轴左上角有【显示或隐藏视图】按钮，单击此按钮，在打开的菜单中选择【显示测验视图】或【隐藏测验视图】命令，可打开或隐藏测验视图。测验的相关内容在后面章节中介绍。

6.5　轨道上媒体的选择

编辑轨道上的媒体前，需要对要编辑的媒体进行选择，即遵循先选定后操作的规则。轨道上媒体的选择可分为一帧媒体和一片段媒体的选择。

6.5.1　帧媒体的选择

选择轨道上一帧媒体的目的是通过预览窗口对该帧媒体进行编辑。选择一个特定帧的方法通常有4种，一是在预览窗口中单击【播放】按钮，使视频处于播放状态，当视频播放到所需帧时，单击【暂停】按钮，此时播放头就停止在该帧上；二是直接拖动预览窗口中播放进度条上的滑块，使播放头到某一帧的位置上；三是通过操作键盘上的左、右箭头，移动播放头到某一帧的位置上；四是在时间轴刻度尺的某一帧上，单击鼠标左键，此时播放头定位在该帧。

6.5.2　片段媒体的选择

选择轨道上片段媒体的目的是通过预览窗口对该片段媒体进行编辑，也可以对此片段媒体进行剪切、复制、粘贴、删除等操作，还可以对片段媒体进行剪辑速度、扩展帧、独立视频和音频、添加资源到库等操作。

片段媒体的选择可以是一个片段媒体，也可以是多个片段媒体。

1.　一个片段媒体的选择

选择一个片段媒体的工具就是播放头。前面提到播放头由选择开始、播放头、选择结束3部分组成，当用鼠标左键拖动【选择开始】滑块和【选择结束】滑块时，即设定了选择片段媒体的开始位置和结束位置，也就是该段媒体被选定。选定的媒体在时间轴上表现为反蓝显示。

如果轨道上已经有若干片段媒体，选择其中一个片段媒体，直接单击鼠标左键进行选中。

当然，我们还可以运用标记来选取片段视频，标记的运用将在后面章节中介绍。

2.　多个片段媒体的选择

多个片段媒体的选择，按住键盘上的Ctrl键，在要选择的片段媒体上单击鼠标左键即可，选择的片段媒体可以是同一轨道上的不同片段媒体，也可以是不同轨道上的不同片段媒体。

6.6　轨道上媒体的编辑

轨道上的片段媒体可以在同一轨道或轨道间进行任意位置的移动。

选取片段媒体后，在预览窗口能够对片段媒体进行编辑，也可进行片段媒体的剪切、复制、粘贴、删除、分割等操作，还可以进行独立视频和音频、剪辑速度、扩展帧、持续时间、应用语音到文本、添加资源到库等操作。上述操作均可以通过媒体编辑菜单来完成。打开媒体编辑菜单的方法是在轨道任意片段媒体上，单击鼠标右键打开菜单，媒体编辑菜单如图 6.6 所示。

图 6.6　媒体编辑菜单

6.6.1　片段媒体的基本操作

片段媒体的基本操作主要包括剪切、复制、粘贴、删除、分割等操作，这些操作通过时间轴工具栏可以完成，前面已经介绍了时间轴工具栏的使用，在此不重复阐述。上述操作同样可以在片段媒体上，单击鼠标右键打开媒体编辑菜单，运用其中相应的菜单项来完成。

6.6.2　独立视频和音频

加载于轨道上的视频包含画面和音频两部分，为了能够分别对画面和音频进行编辑，CS 提供了独立视频、音频的功能，可以将二者分离后分别存于两个轨道。用户选择需要进一步编辑的轨道对相应媒体进行编辑即可。

独立视频、音频的方法，选取媒体所在的轨道，在轨道的媒体上单击鼠标右键，在弹出的菜单中选择【独立视频和音频】菜单，此时画面占一个轨道，音频占一个轨道。

6.6.3　剪辑速度

调整剪辑速度是为了改变片段视频的播放速度。剪辑速度越高，视频播放速度越快；剪辑速度越低，导致视频播放慢。视频编辑中经常需要对某片段视频播放快速一点或慢速一点，就需要通过调整剪辑速度来完成。

调整剪辑速度的方法，首先在轨道上选取一个片段视频，单击鼠标右键并从快捷菜单栏中选择【剪辑速度】命令，打开【剪辑速度】对话框，在此窗口调整剪辑速度。剪辑速度的百分比最小为 50%，就是原始剪辑速度的一半；最大为 400%，就是原始剪辑速度 4 倍。用户根据需要设定剪辑速度。剪辑速度窗口如图 6.7 所示。

图 6.7　剪辑速度对话框

6.6.4　扩展帧与持续时间

当视频中某一帧需要播放时间加长时，通过扩展帧功能来调整该帧的播放时间。扩展帧的使用通常用来解决帧画面与叙述声音长度的匹配，也就是常说的音画同步。

扩展帧的使用方法，选取某一轨道并将播放头置于视频的某一帧上，单击鼠标右键并从快捷菜单栏中选择【扩展帧】，或按键盘上的快捷键 E，在弹出的扩展帧对话框中，输入扩展帧的持续时间。扩展帧的默认时间为 1 秒，也就是说选取某一帧并执行扩展帧，该帧就会扩展为播放 1 秒。扩展帧的时间单位为秒，最小值为 0.1 秒，对于最大值，用户可根据需要设定。扩展帧窗口如图 6.8 所示。

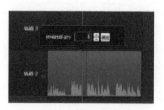

图 6.8 扩展帧窗口

扩展后的帧的播放时间可进一步调整，将播放头定位于扩展帧处，在轨道的媒体上单击鼠标右键并从快捷菜单栏中选择【持续时间】命令，同样打开【扩展帧】对话框，调整帧的持续时间即可。

一般而言，媒体的持续时间主要是针对轨道上的图片来讲。默认情况下，一张图片的持续时间是 5 秒，当需要对其持续时间进行修改时，就可以运用扩展帧与持续时间功能来完成。

6.6.5 组

在轨道上编辑媒体时，经常会对多个片段媒体做同样的操作，同时也是为了方便媒体的管理，CS 提供了组的概念。

不同轨道上的不同片段媒体，可以创建为一个组，创建的组可以取消，也可以给组重新命名。

选取不同轨道上的不同片段媒体，在选取的媒体上单击鼠标右键，并从快捷菜单中选择【组】命令，被选取的多个片段媒体形成一个组，如图 6.9 所示。

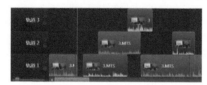

图 6.9 创建组前后对比

从图 6.9 中可以看到，组的名称默认为"组 1"，在组的名称上单击鼠标右键并从快捷菜单中选择【重命名组】命令，可以给组重新命名；在快捷菜单中选择【取消编组】命令，可取消创建的组；单击组的名称前面的【+】（即【打开或关闭组】按钮），可在打开与关闭组间切换。

6.6.6 添加资源到库

用户自己编辑完成的视频，特别是具有共用性质的片段视频、音频等（如片头、片尾），为了可以在其他视频中运用，可将该片段视频保存在库中。

选取轨道上的片段媒体，单击鼠标右键并在弹出的快捷菜单中选择【添加资源到库】命令，CS 就会将此片段视频存储在库中，只要不从库中删除该资源，以后只要打开 CS 软件就能够在库中找到该片段视频并加以运用。关于库的操作前面章节已经做了详细介绍。

6.6.7 更新媒体

编辑视频需要将库、剪辑箱中的媒体加载到轨道上，当用户发现导入的媒体不是需要的媒体而需要更换时，可在轨道媒体上单击鼠标右键并在弹出的快捷菜单中选择【更新媒体】命令，选择磁盘上的媒体或 CS 库中的媒体进行替换。

另外，在媒体编辑菜单中还有编辑音频、应用语音到文本等菜单项，有关内容将在后面章节中介绍。

6.7 案例

微视频案例——《教学媒体理论》

【案例描述】

· 知识点内容简述

媒体理论是现代教育技术课程中重要的理论之一，教学媒体理论专指进入教学领域、应用于教学目的和教学过程的媒体理论。教学媒体理论的正确使用可以使教师在教学过程中达到事半功倍的效果。

本案例将运用 CS 软件录制 PPT、剪辑箱、时间轴等功能，录制视频、编辑视频。

· 技术实现思路

制作教学媒体理论的 PPT 演示文稿，运用 CS 软件录制 PPT 同时录制讲解音频；运用 CS 软件进行视频的编辑并发布视频。

制作完成的视频参见 ..\6.7.1\ 教学媒体理论 .mp4。

【案例实施】

· 知识点内容脚本

1. 教学媒体理论

教学媒体理论专指进入教学领域、应用于教学目的和教学过程的媒体理论。教学媒体理论包括教学媒体的设计、开发和应用理论。教学媒体理论是教育技术学的重要组成部分。

2. 教学媒体理论的范畴

（1）教学媒体理论的分类

① 媒体艺术理论

② 媒体技术理论

（2）教学媒体的研究层次

（3）教学媒体与教学过程、教学资源的关系

3. 教学媒体理论的著名观点

（1）媒体层级论——戴尔的"经验之塔"理论

（2）媒体特性论——托尼·贝茨

（3）媒体效能论——戴安娜·拉瑞劳德

（4）媒体等观论——克拉克

· CS 案例实现

1. 录制 PPT

步骤 1　运用 CS 软件录制（..\6.7.1\ 教学媒体理论 .ppt）演示文稿，生成视频（..\6.7.1\ 教学媒体理论 .avi）的操作步骤，参见案例 2.5.3 的操作步骤。

2. 导入视频并分离视频

步骤 2　启动 CS 软件，执行工具栏中【导入媒体】按钮，打开文件窗口被激活。

步骤 3　在打开文件窗口，选择（..\6.7.1\ 教学媒体理论 .avi）视频文件，单击【打开】按钮，将该视频加载到 CS 软件的【剪辑箱】中。

步骤 4　从剪辑箱中用鼠标拖曳的方式，将该视频拖曳至 CS 轨道 1 上。

步骤 5　在轨道 1 的视频媒体上，单击鼠标右键，在打开的快捷菜单中选择【独立视频和音频】命令，将视频分解为音频和画面两部分，分别占轨道 2 和轨道 1。

3. 轨道操作

步骤 6 选择轨道 1 并单击鼠标右键，在打开的快捷菜单中选择【重命名轨道】命令，将"轨道 1"更名为"画面"，选择轨道 2 并单击鼠标右键，在打开的快捷菜单中选择【重命名轨道】命令，将"轨道 2"更名为"音频"。

步骤 7 选择"画面"轨道，用鼠标单击轨道左栏中的【锁定或解锁轨道】按钮，将该轨道锁定。

4. 工具栏与标尺操作

步骤 8 选择"音频"轨道，用鼠标单击时间轴工具栏中缩放条的【放大】按钮，水平放大轨道，使时间轴上刻度尺的时间单位间隔为 1 秒。

步骤 9 选择"音频"轨道，在时间轴的刻度尺上，将鼠标移动到播放头上，按下鼠标左键向右拖动播放头至 00:00:33;20 处。

步骤 10 单击时间轴工具栏上的【分割】按钮，将"音频"轨道上的音频从此处分割为两段。

5. 片段媒体的选择

步骤 11 选择"音频"轨道，在时间轴的刻度尺上，将鼠标移动到播放头上，按下鼠标左键拖动播放头至 00:00:27;10 处。

步骤 12 用鼠标左键拖动播放头右侧的红色【选择结束】滑块，使其处于 00:00:28;01 处，这样就选择了"音频"轨道上从 00:00:27;10 至 00:00:28;01 间的一段音频。

步骤 13 在选择的片段媒体上单击鼠标右键，在打开的快捷菜单中选择【取消选择】命令，取消对片段媒体的选择。

步骤 14 用鼠标左键拖动播放头至 00:00:01;15 处，单击时间轴工具栏上的【分割】按钮，再用鼠标左键拖动播放头至 00:00:03;25 处，单击时间轴工具栏上的【分割】按钮，这样就截取出了从 00:00:01;15 至 00:00:03;25 间的片段音频。

步骤 15 在该片段音频上单击鼠标右键，在打开的快捷菜单中选择【剪辑速度】命令，打开【剪辑速度】对话框，在窗口中调整剪辑速度为 105%，使此片段音频播放速度有所提高。

6. 生成视频

步骤 16 单击 CS 软件的【文件】>【生成和分享】菜单，根据提示进行下一步操作，最终完成视频的渲染。

第 7 章

音频

视频编辑工作中，音频的处理是重要的内容之一。CS 对音频的处理主要包括录制音频、音频音量的调整、音频效果以及噪声去除等，恰当的音频处理是保障视频质量的重要方面。

7.1　语音旁白

录制语音旁白功能，能够给视频添加上语音。进行视频编辑时，常常需要对视频的部分内容进行讲解；有时前期录制的视频中存在一些讲解性的错误，需要对此部分语音进行重新录制，以达到修正的目的，这就是录制旁白。

在 CS 编辑器中，选择【语音旁白】选项，弹出录制语音旁白界面。该界面中包括开始录制、在录制过程中静音扬声器、输入级别和音频设置向导等内容，如图 7.1 所示。

图 7.1　语音旁白界面

7.1.1　开始录制

开始录制语音旁白前，应做好以下几方面工作。一是将剪辑的视频拖动到时间轴上时，视频即在预览窗口出现；二是选择需要录制语音旁白的片段视频，同时将播放头调整到片段视频的起始位置；三是选择加载语音旁白的轨道，同时将其他轨道加锁。

做好上述工作后，单击语音旁白窗口中【开始录制】按钮，开始语音的录制。当录制完成时，单击【停止录制】按钮，打开【保存文件】对话框，输入录制音频文件的存储名称并保存音频。此时音频以文件形式存储在磁盘上，同时录制的音频也会添加到时间轴的相应轨道上。

7.1.2　在录制过程中静音扬声器

运用 CS 软件录制语音旁白前，如果在语音旁白窗口中，不勾选【在录制过程静音扬声器】选项，则在录制语音时，麦克风在记录讲解声音的同时，也会将扬声器播放的声音一同记录；如果勾选此选项，在录制语音旁白时，音箱播放的声音就不会被录制进去。

7.1.3　输入级别

输入级别用来调整麦克风音量，可以运用鼠标拖动水平滑块，向左侧拖动降低音量，向右侧拖动增大音量。当然输入级别的设置，还可以通过"音频设置向导"窗口中，调节输入级别的垂直滑块来调整麦克风输入的音量。

7.1.4　音频设置向导

音频设置向导可以帮助在录音过程中对音频进行设置，包括音频硬件、输入级别、高级音频的设置。

1．音频硬件

音频设置向导窗口中，音频硬件的录音源有麦克风、手动输入选择两项，用户根据需要选择二者其一，向导可以自动调整选定输入源的音量级别并在下面的下拉列表框中显示。

2．输入级别

用来调整记录的音量，调节输入级别的垂直滑块来调整输入的音量。

3．高级音频设置

单击【高级音频设置】中【音频格式】按钮，打开【音频格式】对话框，在此窗口中设置音频的名称、格式、属性，如图 7.2 所示。

图 7.2　音频格式对话框

7.2　音量控制

录制视频时，经常出现有时讲解声音比较大，有时讲解声音又比较小的情况，这就需要对不同片段音频的音量进行调整。另外，有时也需要将几段不在同一时间录制的视频拼接，生成新的视频，同样存在片段音频之间音量调整的问题。CS 提供了极其方便的片段音频音量的调整方法。音量的调节范围为 0%～500%。

在 CS 编辑器中，选择【音频】选项，弹出音频编辑界面。该界面中包括启用音量调节、启用噪声去除、高级、混合成单声道、编辑工具等内容，如图 7.3 所示。

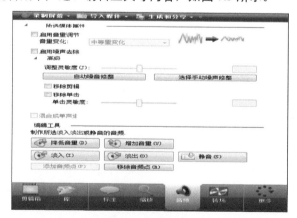

图 7.3　音频编辑界面

7.2.1　启用音量调节

音量变化的功能就是调整语音，让录音者的语音始终保持在一个比较稳定的范围。在音频编辑窗口中勾选【启用音量调节】选项，下面音量变化右侧的下拉列表框可用，包括高音量变化、中等音量变化、低音量变化、自定义设置 4 种选择。

录制视频过程中，讲解的声音有时大有时小，这是人讲话时存在的普遍现象。CS 录制视频时为防止语音有过大的波动，提供了动态范围控制来调整录制的语音，让录制的语音始终保持在一个比较稳定的范围。

1. 高音量变化、中等音量变化、低音量变化

录制视频过程中，如果声音变化范围比较大时，勾选【启用音量调节】项，在音量变化后面的下拉列表框中选择【高音量变化】项；如果录制的声音变化范围比较小，那么可选择【中等音量变化】项；如果录制的声音的音量变化范围相对来讲非常小，可选择【低音量变化】项。

2. 自定义设置

录制视频时，用户根据实际情况需要做更精准的声音动态范围控制，还可对音量进行自定义设置。勾选【启用音量调节】项，在音量变化后面的下拉列表框中选择【自定义设置】项，设置比率、阈值、增益 3 个参数，如图 7.4 所示。

（1）比率

比率就是音量增大或缩小的程度。用鼠标左、右拖动水平滑块设置比率值，取值范围为 1 ～ 30。实际录制视频过程中，CS 会自动根据用户设定的比率值增大或缩小录制的音量。例如：用户设定的比率值是 10，此时如果录制讲解的声音过小，CS 会自动在用户讲解音量的基础上加 10，以实现音量的增大；如果录制讲解的声音过大，CS 会自动在用户讲解音量的基础上减 10，以实现音量的缩小。

（2）阈值

阈值是音量的变化范围。CS 软件会对整个音频的音量进

图 7.4　比率、阈值、增益设置界面

行检测，检测后会进行平均计算。用鼠标左、右拖动水平滑块设置阈值，取值范围为 –60 ～ 0。例如：用户设定的阈值是 –30，录制的整个音量的平均值是 50，50-30 = 20，那么当某一段音频的音量低于 20 的时候，CS 软件就会进行比率的增加；如果用户录制的音量高于 80 时，即 50+30 = 80，CS 软件就会进行比率的减小。因此，用户录制视频时，其音量变化范围越大，就应将阈值调得越大；音量变化范围越小，就应将阈值调得越小。

（3）增益

增益同比率一样，同样是根据用户现音量（音量的平均值）增大或缩小的程度。用鼠标左、右拖动水平滑块设置增益值，取值范围为 –30 ～ 30。例如：用户设定的增益值为 15，整个音频音量的平均值是 50，用户录制的此片段音频的音量为 80，超出了平均值，则 CS 调整后的此片段音频的音量是 80 –15 = 65；若用户录制的此片段音频的音量为 30，低于了平均值，则 CS 调整后的此片段音频的音量是 30+15 = 45。

7.2.2　调节音频音量

录制的视频，其音频音量的调整还可以通过音频编辑窗口的按钮或在轨道上设置音频点，然后手动调节整个音频或片段音频的音量。

1. 降低音量、增加音量

调节整个音频或片段音频的音量，为不影响其他轨道的内容，将其他轨道锁定，选择要调整音量的轨道或该轨道的一段音频。此时如果要增大音量，单击音频编辑窗口中【增大音量】按钮，每单击一次，音量增加 25%；如果要减小音量，单击音频编辑窗口中的【减小音量】按钮，每单击一次，音量减小 25%。

2. 音频点的运用

CS 提供了在轨道上设置音频点的功能，通过设置两个音频点，而后运用鼠标上、下拖动两音频点连线的方法，改变此片段音频的音量。设置音频点的方法有两种，一是运用音频编辑窗口中的【添加音频点】、【移除音频点】两个按钮，同时配合播放头的定位功能设置音频点；二是在轨道上单击鼠标右键，运用打开的菜单中的命令设置音频点，如图 7.5 所示。

图 7.5　音频点的操作

（1）添加音频点

当视频加载到轨道上，在 CS 编辑器中，选择【音频】选项后，此时音频的开始位置就会出现一个音频点。

添加音频点有两种方法：一是在时间轴上将播放头定位于要设置音频点的位置，然后在 CS 编辑器中，选择【音频】选项，打开音频编辑窗口，在此窗口中单击【添加音频点】按钮，就会在音频的该位置设置一个音频点；二是在时间轴要设置音频点的位置，单击鼠标右键并在打开的快捷菜单中选择【添加音频点】命令，即在该位置设置一个音频点。

（2）移除音频点

对于轨道上无用的音频点可以移除，移除的方法是：一是在 CS 编辑器中，选择【音频】选项，打开音频编辑窗口，单击窗口中【移除音频点】按钮，就会将轨道上的全部音频点移除（音频开始位置音频点除外）；二是在轨道某个音频点上，单击鼠标右键并在打开的快捷菜单中选择【删除】命令，即将该音频点删除，如果选择【在媒体上删除所有音频点】命令，就会将轨道上的全部音频点删除（音频开始位置音频点除外）。

（3）调节音量

运用上述方法设置好音频点后，轨道上两两音频点间就会有连线，运用鼠标上、下拖动两音频点连线就会改变此片段音频的音量。

7.3　音频效果

录制完成的视频，一方面自身音频在开始、结束时，可能需要使声音渐渐地进入或渐渐地退出；另一方面，有时需要为视频再次添加背景音乐或插入一段语音旁白，同样为了避免突兀，也需要对音频的进入与退出设置前述效果。对音频进行效果的设置，主要包括音频淡入、音频淡出和片段音频间的过渡效果。

7.3.1 音频淡入

音频的淡入即声音渐渐的进入。设置整个音频的淡入效果，需要选择音频所在的轨道，同时将其他轨道锁定；在 CS 编辑器中，选择【音频】选项，打开音频编辑界面，单击界面中的【淡入】按钮，此时轨道音频开始位置的上、下各设置了一个音频点。

用鼠标拖动上部的音频点向轨道右侧移动，水平拖动的距离决定着音频淡入的时间；用鼠标拖动上部的音频点向上下移动，垂直拖动的距离决定着音频淡入音量的变化量。

用鼠标拖动下部的音频点向上下移动，垂直拖动的距离决定着音频淡入的初始音量。

7.3.2 音频淡出

音频的淡出即声音渐渐地退出。设置整个音频的淡出效果，需要选择音频所在的轨道，同时将其他轨道锁定；在 CS 编辑器中，选择【音频】选项，打开音频编辑界面，单击界面中的【淡出】按钮，此时轨道音频结束的位置上下各设置了一个音频点。

用鼠标拖动上部的音频点向轨道左侧移动，水平拖动的距离决定着音频淡出的时间；用鼠标拖动上部的音频点向上下移动，垂直拖动的距离决定着音频淡出音量的变化量。

用鼠标拖动下部的音频点向上下移动，垂直拖动的距离决定着音频淡出的初始音量。

7.3.3 片段音频间的过渡效果

运用 CS 编辑视频时，经常会将两个片段音频之间设置过渡效果，也就是说上一段音频结尾部分淡出，而下一段音频开始部分淡入，从而实现两个片段音频间的过渡效果。实现音频间过渡效果的方法需要运用前述的添加音频点、移除音频点、音频淡入、音频淡出等，在此不多陈述，如图 7.6 所示。

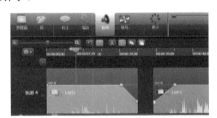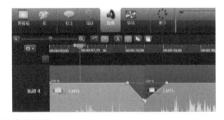

图 7.6　音频过渡效果

7.3.4 替换为静音

录制完成的视频，需要进一步的编辑。在编辑过程中，经常会出现在某一时间段没有语音讲解，但是有很大的背景噪声。在这种情况下，运用 CS 音频处理的静音功能，能够把该段音频替换为静音。

替换静音前需要将其他轨道加锁。

选择需要去除噪声的轨道，用鼠标拖动播放头左侧的【选择开始】滑块（绿色滑块）设置片段音频的开始位置；用鼠标拖动播放头右侧的【选择结束】滑块（红色滑块）设置片段音频的结束位置。

在 CS 编辑器中，选择【音频】选项，打开音频编辑界面，单击界面中的【静音】按钮，此时选中的该段音频就替换为了静音，如图 7.7 所示。

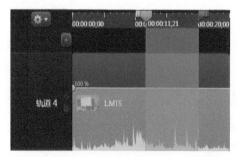

图 7.7　替换为静音

7.4 噪声消除

录制视频或音频时，在录制讲解声音的同时，也会将环境的声音（如计算机电流声音、风扇声音等）一同记录，把环境的声音叫作噪声。含有比较大噪声的视频，观众在观看时，噪声对讲解的声音干扰会比较大。因此，需要将视频中的噪声去除。

在 CS 编辑器中，选择【音频】选项，弹出音频编辑界面，在该界面中勾选【启用噪声去除】项，将【高级】选项打开，可以看到 CS 提供了【自动噪声修整】、【选择手动噪声修整】两种去除噪声的方法。

7.4.1 自动噪声修整

自动噪声修整实质上是 CS 依据用户设置的【调整灵敏度】值，自动尝试在时间轴上检测噪声并消除。【调整灵敏度】值的范围为 0 ～ 100，该值越小，去除的噪声越少；该值越大，去除的噪声越多。该值应设置适当，如果过大，同样会将讲解的声音去除，从而破坏了整个音频的音质。

运用自动噪声修整功能，要把其他轨道加锁，选择去除噪声的轨道，用鼠标拖动【调整灵敏度】右侧的水平滑块，设置灵敏度的值，然后单击【自动噪声修整】按钮，CS 即会对该轨道的音频进行噪声去除。

没有进行噪声去除时，轨道上音频的波形状态是绿色，如果进行了一次噪声的去除，则音频波形状态变成橙色，表明已经进行了一次噪声的去除，如图 7.8 所示。

图 7.8　噪声去除对比

7.4.2 手动噪声修整

录制的视频中，对于有噪声但没有旁白的音频区域，只能手动选择该部分进行降噪。

运用手动噪声修整功能，要把其他轨道加锁，选择去除噪声的轨道上的片段音频（有噪声但没有旁白），用鼠标拖动【调整灵敏度】右侧的水平滑块，设置灵敏度的值，然后单击【选择手动噪声修整】按钮，CS 即会对该片段音频进行噪声去除。

事实上，CS 对于噪声的去除功能并不是很理想。因此，在录制的过程当中，应尽量保持环境的安静，避免产生背景噪声。若想对噪声进行更有效的消除，提升视频中音频的质量，运用 Cool Edit 软件是最理想的选择。

7.5　案例

7.5.1　微视频案例——《教育传播基本知识》

【案例描述】

- 知识点内容简述

传播理论产生于 20 世纪 40 年代的美国，是一门研究人类传播行为的新兴边缘学科。依据信息理论的观点，教育过程就是一个信息传播的过程，因此有了教育传播的概念。本知识点介绍教育传播的概念、特点、构成要素以及教育传播的演进。

案例将运用到 CS 软件的语音旁白、音频编辑和生成视频等主要功能。

- 技术实现思路

制作讲解"教育传播基本知识"的演示文稿并写出讲解脚本；运用 CS 软件的录制 PPT 功能将演示文稿录制为视频，运用 CS 软件的语音旁白功能录制讲解音频并对录制的音频进行编辑；将录制的 PPT 视频与讲解的音频合成，生成最终视频。

制作完成的视频参见 ..\7.5.1\ 教育传播基本知识 .mp4。

【案例实施】

- 知识点内容脚本

自从有了人类社会，就有了教育传播，而且随着人类社会的发展与进步，教育传播也同样不断发展与演变。从教育传播概念、特点、构成要素以及教育传播的演进几个方面来理解教育传播。

1. 教育传播的概念

（1）教育传播的定义

（2）教育传播的特点

① 明确的目的性

② 传者与受者的特定性

③ 内容的严格规定性

④ 媒体和通道的多样性

⑤ 反馈性

2. 教育传播的构成要素

（1）几种要素说

① 二要素说——教育者和受教育者。

② 三要素说——教育者、受教育者、教材。

③ 四要素说——教育者、教育信息、教育媒体、受教育者。

④ 五要素说——教育者、教育信息、教育媒体、受教育者、教育效果。

⑤ 六要素说——教育者、教育信息、教育媒体、受教育者、教育效果和教育环境。

（2）四要素说

① 教育者。教育者是教育传播系统中具备教育教学活动能力的要素，是系统中教育信息的组

织者、传播者和控制者，如学校中的教师、社团中的指导者、学生家长等。

② 教育信息。信息是教育传播系统的主要要素之一，是指以物理形式出现的教育信息。在教育信息传播过程中，主要的信息是教学目标信息、预测学生信息、教师传送信息、实践教学信息、家庭教育信息、大众传媒信息、人际交往信息、学生接受信息和学生反馈信息等。

③ 媒体和通道。教育传播媒体就是载有教育、教学信息的物体，是连接教育者与学习者双方的中介物，是人们用来传递和取得教育、教学信息的工具。教育传播通道是教育信息传递的途径，教育信息只有经过一定的通道，才能完成传递任务，达到教育传播的目的。

④ 受教育者。受教育者是施教的对象，一般说就是接收教育信息的学生。

3. 教育传播的演进

表 7.1 体现了教育传播的几个重要发展阶段。

表 7.1　教育传播的演进

发展阶段	时间	特征			
		信息	媒体	方式	感觉器官
口语传播	约公元前3000年以前	量少、零散、无序	原始简单	口耳相传	听觉为主
文字传播	约公元前3000年以前至公元19世纪末	日益增多，从零散到系统，从无序至有序	逐渐多样	另加读写训练	视觉为主
电子传播	公元19世纪末至20世纪90年代	系统化、科学化	多样化、多媒体化	再加上人机对话	视、听觉并用
网络传播	20世纪90年代至今	数字化	网络化	再加上网上交流	视、听、触觉并用

- CS 案例实现

1. PPT 另存为图片

步骤 1　打开（..\7.5.1\ 教育传播基本知识 .PPT）文件，执行【文件】>【另存为】菜单，将演示文稿的每一张幻灯片分别存为（..\7.5.1\ 教育传播基本知识 1.jpg）、（..\7.5.1\ 教育传播基本知识 2.jpg）、（..\7.5.1\ 教育传播基本知识 3.jpg）、（..\7.5.1\ 教育传播基本知识 4.jpg）文件。

步骤 2　打开 CS 软件，将 4 张图片导入剪辑箱并按顺序加载到轨道 1 上，将该轨道加锁。

2. CS 录制语音旁白

步骤 3　CS 软件中，选择轨道 2 作为语音旁白的录制轨道。

步骤 4　CS 编辑器中选择【语音旁白】选项，打开语音旁白窗口。

步骤 5　在语音旁白窗口中，勾选【在录制过程中静音扬声器】选项，使录制过程中不记录计算机扬声器播放的声音。

步骤 6　在语音旁白界面的【输入级别】选项中，用鼠标拖动水平音量调节滑块，向左或向右降低音量或增大音量，直至调节音量至合适。

步骤 7　单击【开始录制】按钮后，空录 5 秒，然后讲解者开始讲述"教育传播基本知识"的内容，录制完全部讲解音频，单击【停止录制】按钮。

步骤 8　此时弹出【文件保存】对话框，将录制的音频保存为（..\7.5.1\ 教育传播基本知识讲解语音 .wav）文件。

步骤 9　返回 CS 软件窗口，此时录制的音频即加载到剪辑箱和时间轴的轨道 2 上。

3. CS 编辑音频

步骤 10　选择轨道 2 的音频，用鼠标拖动播放头的【选择开始】滑块至音频开始处，再用鼠标拖动播放头的【选择结束】滑块至 00:00:05;00，实现无用片段音频的选择，然后按 Delete 键删除此片段音频。

步骤 11　用上述选择片段音频的方法，选择轨道 2 上讲错的片段音频，然后单击音频窗口中的【静音】按钮，使此片段音频静音。

步骤 12　在音频编辑界面中勾选【启用音量调节】选项，在【音量变化】右侧下拉列表框中选择【自定义设置】，然后设置【比率】数值为 10、【阀值】数值为 -30、【增益】数值为 23。

步骤 13　音频编辑界面中，勾选【启用噪声去除】选项，再打开【高级】选项，将【调整灵敏度】值设置为 60，单击【自动噪声修整】按钮，CS 软件会依据设定的值对整个音频进行噪声去除。

步骤 14　完成音频的编辑后，调整每一张幻灯片图片的播放时间长度与对应讲解音频长度相匹配。

步骤 15　单击【文件】>【生成和分享】菜单，根据提示生成视频。

7.5.2　微视频案例——《系列视频片尾制作》

【案例描述】

· 知识点内容简述

Photoshop CS6 是一款专业的图片处理软件，为方便用户学习 PS 软件，以 PS 基本知识、选区操作、绘画与图像修饰、图层操作、矢量工具与路径、蒙版、文字、通道、动作与任务自动化、滤镜等 10 个专题，开发系列微视频。系列微视频开发中，每个专题视频的片尾基本相同。

案例将运用 CS 软件的音频效果、标注、可视化属性、库等功能，制作系列微视频片尾。

· 技术实现思路

运用 CS 软件自身带有的大量媒体资源（包括音频、视频等），结合音频效果、标注、可视化属性（动画）的使用，创建精美的视频片尾，同时将该片尾保存于 CS 软件库中。

制作完成的视频参见 ..\7.5.2\ 系列视频片尾制作 .mp4。

【案例实施】

· 知识点内容脚本

Photoshop CS6 是一款专业的图片处理软件，广泛应用于教学、宣传等领域，学习人群庞大。为方便诸多学习者学习，将 PS 软件的主要知识分为 PS 基本知识、选区操作、绘画与图像修饰、图层操作、矢量工具与路径、蒙版、文字、通道、动作与任务自动化、滤镜等 10 个专题，设计、开发系列微视频。

系列微视频开发中，需要制作每个专题视频的片尾。

片尾的主要内容为制作人、配音、字幕、制作单位等，通过添加静态标注、可视化效果实现滚动片尾；给片尾添加背景音乐，设置音乐淡入、淡出效果；片尾总时长为 15 秒；制作完成后将片尾保存于 CS 软件库中。

· CS 案例实现

1. CS 添加标注与制作动画

运用 CS 软件编辑 PS 软件系列微视频片尾，操作步骤如下。

步骤 1　启动 CS 软件，单击选项栏中【标注】选项，打开标注窗口。

步骤 2　在标注窗口中选择 "Filled Rounded Rectangle"，屏幕上将出现一个长方形标注。

步骤 3　单击【边框】下拉列表，勾选【无】选项。

步骤 4　单击【填充】下拉列表，勾选【无】选项。

步骤 5　在标注窗口文本区域的文本框中输入 "制作人：xxx" "配音：xxx" "字幕：xxx" "制

作单位：xxx"，调整字体为"微软雅黑"，字号为"26"，字体颜色为"白色"。

步骤 6　在轨道 1 中选择该标注媒体，将鼠标移动至媒体结束位置，此时鼠标呈现为双向箭头，按下鼠标左键向右侧拖动，调整媒体播放时间长度为 15 秒。

步骤 7　在画布中拖动该标注，将标注的上边缘线与画布底部边缘线重合。

步骤 8　单击【可视化属性】窗口中【添加动画】按钮，轨道 1 的媒体上将出现一个蓝色的圆句柄。

步骤 9　在画布中拖动该标注，将标注的下边缘线与画布顶部边缘线重合。

步骤 10　拖动轨道 1 媒体上的蓝色圆句柄（动画结束名柄）至媒体结束位置。

2. CS 添加音频与制作音频效果

步骤 11　在编辑器中，单击选项栏中【库】面板，打开【库】窗口，选中 "Full Song"，用鼠标将选择的音频拖动到轨道 2 上。

步骤 12　在轨道 2 上，用鼠标拖动播放头的【选择开始】滑块和【选择结束】滑块，将多余音频选定，然后按键盘上的 Delete 键，删除多余音频。

步骤 13　选择轨道 2 上的音频，单击选项栏中【音频】选项，将播放头置于音频的开始位置，单击音频编辑界面中的【淡入】按钮，将播放头置于音频的结束位置，单击音频编辑界面中的【淡出】按钮。

3. CS 生成组与保存到库

步骤 14　将轨道 1、轨道 2 上的媒体全部选定，单击鼠标右键，在打开的快捷菜单中选择【组】命令，使两个轨道上的全部媒体组合成为一个组，该组显示在轨道 1 上。

步骤 15　选择轨道 1 上的组，单击鼠标右键打开快捷菜单，选择【添加资源到库】命令，【库】窗口为新增的资源命名为 "PS 片尾"。

经过上述操作，即制作了一个 PS 系列视频的片尾，同时保存在 CS 软件安装目录中的库文件夹中。制作其他专题片尾时，只需要在 CS 软件库中调出此片头，对专题标题文本进行修改即可。

第8章

效果

效果指运用 CS 制作视频时，媒体间的过渡效果、特效镜头效果、动画效果等。片段媒体间的过渡效果，主要指视频、音频、图片等媒体之间的过渡效果；特效镜头主要指快镜头、慢镜头、镜头缩放等；动画主要指为内容创建动画并设置动画效果。

8.1 过渡效果

电视或电影中经常看到一个镜头结束与下一镜头开始之间有一个过渡效果，如慢慢地变暗而后慢慢地变亮，这就是镜头与镜头之间的过渡效果。CS 编辑视频同样可以实现视频剪辑之间的过渡效果，也叫转场。

8.1.1 转场窗口

CS 软件中提供了 30 种过渡效果，它们分别是开门状、百叶窗、棋盘格、圆显示、圈伸展、立方体旋转、溶解、褪色、黑色淡入、翻转、折叠、发光、梯度擦拭、插页、光圈、页面滚动、页转到、像素化、径向模糊、径向擦拭、随机条、随机解散、波纹、左右滑动、向右滑动、螺旋、伸展、条状、滚轮、之字形。这些转场效果全部在转场窗口中。

转场效果实质是设置了前一片段媒体的退出效果和后一片段媒体的进行效果。

在 CS 编辑器中，选择【转场】选项，即可打开转场窗口，如图 8.1 所示。

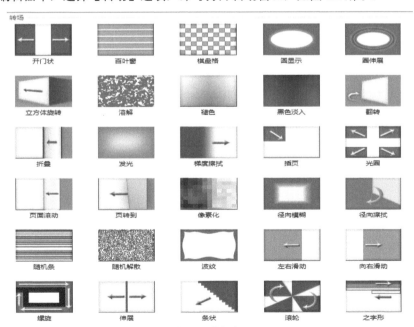

图 8.1 转场窗口

运用 CS 的转场功能设置过渡效果，其适用于视频画面、图片、动画画面，而音频的过渡效果在前面章节已经做了详细介绍。

8.1.2　添加过渡效果

无论是视频画面、动画画面、图片，只要需要在两个片段媒体间添加过渡效果，都可以运用上述 30 种过渡效果来完成。两片段媒体间的过渡效果可以设置为同一过渡效果、同长度的过渡时间，也可以分别设置前一段媒体结束（后一段媒体开始）的过渡效果与过渡时间。

1. 查看过渡效果

使用某种过渡效果前，用户并不知该效果的视觉效果，CS 提供了过渡效果的预览。在 CS 编辑器中，选择【转场】选项，即可打开转场窗口。转场窗口中有 30 种过渡效果，如果用户想看某种过渡效果的实际情况，可在该过渡效果上双击，右边预览窗口的画布上会播放该过渡效果。

2. 添加过渡效果

添加过渡效果的方法是，CS 编辑器中选择【转场】选项，打开转场窗口，在转场窗口中选择所需的过渡效果，以鼠标拖曳的方式将该过渡效果拖曳到轨道上两个剪辑之间，松开鼠标左键，此时前一片段媒体的结束与后一片段媒体的开始，同时添加了同时间长度的过渡效果，如图 8.2 所示。

如果为两片段媒体的结束与开始添加不同的过渡效果，则可以分别用鼠标拖曳的方式将某一过渡效果拖曳到轨道上前一片段媒体的结束，将另一过渡效果拖曳到轨道上后一片段媒体的开始，如图 8.3 所示。

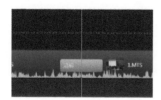
图 8.2　片段媒体间相同的过渡效果

图 8.3　片段媒体间不同的过渡效果

8.1.3　改变过渡效果时间

片段媒体之间添加过渡效果后，用户可根据需要自行调整过渡效果的时间。当片段媒体间为相同过渡效果时，将鼠标移到效果的边线左右拖动，即可调整效果的播放时间长度；当片段媒体间为不相同过渡效果时，将鼠标移到某一效果的边线左右拖动，即可调整该效果的播放时间长度。鼠标拖动时，鼠标下方有时间长度提示。

8.1.4　删除过渡效果

编辑过程中，如果视频剪辑之间的过渡效果不需要了，可以将其删除。删除效果的操作是在轨道上选择某一过渡效果，此时选定的过渡效果是黄色，单击鼠标右键并在打开的快捷菜单中选择【删除】命令或按键盘上的 Delete 键，即可删除过渡效果。

8.1.5　更换过渡效果

加载到轨道上的过渡效果，如果用户不满意，可进行更换。更换的方法是在轨道上选择某一过渡效果，此时选定的过渡效果是黄色；在转场窗口中选择所需的过渡效果，以鼠标拖曳的方式将该过渡效果拖曳到轨道需要替换的效果上，松开鼠标左键，过渡被替换并变成粉红色，如图 8.4 所示。

图 8.4　过渡效果替换效果对比

8.2　镜头

在视频编辑制作过程中，经常会对片段画面进行特效的设置，如快速播放、慢速播放、画面缩小、画面放大等，从而为视频增加良好的视觉效果。CS 软件同样提供了这些画面特效的设置方法。

8.2.1　快 / 慢镜头

加载到轨道上的媒体素材，一般是以正常速度进行播放的。如果用户需要对媒体素材的播放就速度角度进行特效的设置，即可运用快 / 慢镜头。实现快 / 慢镜头效果，就是对媒体的播放速度进行设置。应用快 / 慢镜头的片段媒体可以是图片、片段视频、动画等。

1. 设置剪辑速度

选取轨道上的片段媒体，在媒体上单击鼠标右键并在打开的快捷菜单中选择【剪辑速度】命令，打开剪辑速度窗口，在此窗口调整剪辑速度。剪辑速度的百分比最小为 50%，就是原始剪辑速度的一半；最大为 400%，就是原始剪辑速度的 4 倍。如果用户调整的剪辑速度小于原始的速度，表示为慢镜头，大于原始的速度则表示为快镜头。

2. 图片的快 / 慢镜头

通过 CS 的媒体导入功能能够将图片导入到剪辑箱中，然后从剪辑箱中将图片加载到某一轨道上。轨道上的图片可以设置其播放的持续时间、剪辑速度等。

如果用户设置图片的播放时间为 1 秒，剪辑速度为 100%，那么就是正常的镜头播放；如果用户设置图片的播放时间为 1 秒，剪辑速度为 200%，那么就是快镜头；如果用户设置图片的播放时间为 1 秒，剪辑速度为 50%，那么就是慢镜头。

设置图片的持续时间、剪辑速度，在轨道的图片上单击鼠标右键并在打开的快捷菜单中选择【持续时间】或【剪辑速度】命令。

3. 视频的快 / 慢镜头

视频素材加载到轨道上以后，如果需要对其中的片段视频进行快 / 慢镜头的设置，需要做以下几个方面的编辑。

（1）加载到轨道上的视频，是按正常速度来播放的，而快镜头与慢镜头都是对原有视频播放速度进行更改，这时候如果视频本身带有音频，就会影响到音频的播放效果。因此，在改变某段视频的速度前，必须将音频与画面分离，否则进行快放或慢放的时候，音频会发生变化。慢放的时候语音变成盲音，快放的时候语音音调过高、听不清楚。

（2）音频与画面分离的方法是，选取片段视频，在其上单击鼠标右键并在打开的快捷菜单中选择【独立视频和音频】命令，这样音频会占一个轨道，画面占一个轨道。为了不影响音频，可将音频所在轨道加锁。

（3）为这个片段视频设置慢镜头或快镜头。在这段视频剪辑的缩略图上，单击鼠标右键，在打开的快捷菜单中选择【剪辑速度】命令，在打开的对话框中，我们可以将剪辑速度设置成200%，表示为快镜头；如果设置剪辑速度为50%，表示为慢镜头（当然这个数值我们可以自己来设定），完成之后单击【确定】按钮。

视频剪辑被设置快镜头或慢镜头后，在轨道上可以看到其剪辑速度的数值，如图8.5所示。

图8.5 视频剪辑片段的快镜头

8.2.2 缩放镜头

CS编辑视频时，为了使用户清晰地看到视频的某个局部，通过对视频的该局部进行镜头缩放，以达到目的。

1. 缩放窗口

镜头缩放的设置需要通过缩放窗口来完成。打开缩放窗口的方法是，在CS编辑器中选择【缩放】选项，打开缩放窗口，如图8.6所示。

（1）缩放矩形选框

镜头缩放窗口的上半部分为缩放矩形选框，其中显示了轨道当前帧的视频尺寸、位置。视频画面周围有8个圆句柄，将鼠标移动至某一圆句柄上，按下鼠标左键拖动，调整视频画面在右侧预览窗口画布上的尺寸。当拖动圆句柄使矩形选框变小时，就会使预览窗口画布中的视频局部放大；当拖动圆句柄使矩形选框变大时，就会使预览窗口画布中的视频局部缩小。将鼠标移动至矩形选框中呈十字箭头状，按下左键拖动，可移动视频在画布上的位置。

图8.6 缩放窗口

（2）保持宽高比

镜头缩放窗口中，有【保持宽高比】勾选项。如果勾选此项，则在缩放矩形选框中调整视频画面尺寸时，视频画面的宽度与高度按相同比例缩放；若不勾选此选项，调整视频画面的宽度不影响其高度，调整高度不影响宽度。

（3）尺度大小媒体最好的质量

镜头缩放窗口中，有【尺度大小媒体最好的质量】按钮，单击此按钮会使媒体以最好的质量尺寸显示在预览窗口中的画布上。

（4）媒体尺度以适应整个画布

镜头缩放窗口中，有【媒体尺度以适应整个画布】按钮，单击此按钮会使媒体以充满整个画布的尺寸显示在预览窗口中的画布上，即全屏尺寸。

（5）尺寸

镜头缩放窗口中，有调整画面尺寸的水平滑块，用鼠标拖动滑块可以改变动画缩放的比例。这与拖动镜头缩放窗口中的矩形选框上的圆句柄改变动画缩放的比例是一样的。

（6）智能聚焦

CS软件8.5版提供了智能聚焦制作动画的功能。该功能可以使生成的视频局部区域放大（比原始尺寸小），从而保持较好的视觉效果，如在Web或iPod中使用。

使用该功能的方法如下。首先，必须在CS软件中打开相应的开关。单击【工具】>【选项】打开选项窗口，在【程序】选项卡中勾选【剪辑添加应用智能聚焦】和【锁定智能聚焦到最大缩放】这两个选项，如图8.7所示。其次，使用CS软件的录像机录制视频。录制过程中CS软件会自动对操作或鼠标移动等智能聚焦技术数据进行收集。最后,对录制的视频在 CS 软件中进行编辑。当把视频加载到轨道上之后,在缩放窗口就可以勾选【剪辑添加应用智能聚焦】选项,此时【应用自动缩放到选定剪辑】和【应用自动缩放到时间轴】两个按钮处于可用状态。单击其中一个按钮会打开【智能聚焦】窗口,在该窗口中选择合并、清除全部等操作,完成智能聚焦动画的编辑,如图 8.8 所示。

图 8.7　选项窗口

图 8.8　智能聚焦窗口

2. 添加一个缩放动画

加载到轨道上的视频、动画、图片等,还可以通过镜头的缩放,为其添加缩放动画。

在 CS 编辑器中,单击【缩放】选项,打开镜头缩放窗口;选取要设置缩放动画的轨道（将其他轨道加锁）,把播放头定位在设置缩放动画的起始位置;在镜头缩放窗口移动或缩放矩形选框,在轨道上播放头所在的位置就添加了一个动画效果,此时轨道上呈现出蓝色的圆圈,完成动画创建,如图 8.9 所示。

添加缩放动画还可以通过【可视化属性】窗口完成。在 CS 编辑器中,单击【可视化属性】选项,打开可视化属性窗口,在窗口中单击【添加动画】按钮。此窗口内容将在后面详述。

3. 调整缩放动画的时间

缩放动画的时间决定着动画需要多长时间来完成放大、缩小或平移的效果。缩放动画的时间可以进行调整,包括动画开始时间、结束时间以及动画播放的时间长度。调整的方法是,单击选择缩放动画调整滑块,选定动画,此时缩放动画呈现黄色;拖动动画的开始或结束位置,在任一方向上改变动画的时间。这样既改变了动画的开始位置或结束位置,也改变了动画的播放时间长度,如图 8.10 所示。

图 8.9　动画创建

图 8.10　动画时间调整

4. 删除缩放动画

不需要的动画,用户可以随时将其删除。在轨道上单击以选择要删除的缩放动画,选定的缩放动画呈现黄色;按键盘上的 Delete 键或右键单击动画,从快捷菜单中选择【删除】命令,就会删除选定的动画;若删除所有缩放动画、视觉动画,可从快捷菜单中选择【在媒体上删除所有可视动画】命令,如图 8.11 所示。

5. 编辑缩放动画

创建缩放动画后，还可以对其再次修改，也就是进一步的编辑。

编辑缩放动画有 3 种方法。一是选定轨道上的缩放动画，在该动画上双击鼠标左键，打开可视化属性窗口进行缩放动画的参数设置；二是选定轨道上的缩放动画，在该动画上单击鼠标右键并在打开的快捷菜单中选择【编辑动

图 8.11　删除动画

画】命令，打开【可视化属性】对话框进行缩放动画的参数设置；三是选定轨道上的缩放动画，在 CS 编辑器中，单击【可视化属性】选项，打开【可视化属性】对话框进行缩放动画的参数设置。【可视化属性】对话框中缩放动画参数设置的详述后面介绍。

6. 泛动画

运用动画使一个媒体元素在画布上改变位置，把这样的动画多个首尾相接，可以制作出泛动画。一般而言，泛动画就是指一个画面的平移运动效果，如从左侧移动到右侧，从上移动至下，对角线移动等等，动画在平移过程中大小保持不变。

完成一个泛动画的添加，包括 3 部分制作内容。

（1）需要添加一个缩放动画。在 CS 编辑器中，单击【缩放】选项，打开缩放窗口，移动、调整缩放矩形获得所需的缩放效果，此时缩放动画添加到轨道上，调整动画的播放时间长度，设置动画开始、结束的缩放矩形为相同尺寸，位置分别为左上角、右下角。当播放视频时，就像缩放矩形从视频画面左上角移动到右下角，如图 8.12 所示。

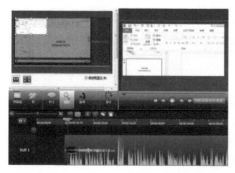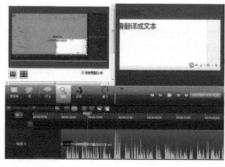

图 8.12　缩放动画效果

（2）选定动画并进行复制。把播放头定位于第 1 个动画结束位置并单击鼠标右键，在弹出的快捷菜单中选择【复制】命令，完成该动画的复制。

（3）粘贴动画及调整动画结束时在画布上的位置。把播放头定位于第 1 个动画结束稍后位置并单击鼠标右键，在弹出的快捷菜单中选择【粘贴】命令，完成该动画的粘贴，轨道上生成第 2 个动画。把播放头定位于第 2 个动画结束位置，用鼠标拖动改变画面在画布上的位置，如拖动到画布右上角。

重复上述的复制、粘贴等动作，能够添加多个泛动画。

7. 动画缓和

CS 提供了动画缓和。如果使 CS 的动画缓和处于打开状态，就会使动画看起来更流畅、更自然；如果使 CS 的动画缓和处于关闭状态，动画在进入或停止时就会显得太快，而使动画变得生涩。

默认情况下，动画缓和是关闭。要使该设置变为所有动画的默认设置，方法是选择【工具】>【选项】菜单，打开【选项】对话框并选择【程序】选项卡，将【默认动画缓和】的值设置为"指数 / 输出"，如图 8.13 所示。

时间轴上打开或关闭缓和动画。在轨道上选定某一动画，单击鼠标右键并在打开的快捷菜单【动画缓和】中勾选【指数输入/输出】项，即打开了动画缓和；勾选【无缓和】项，则关闭了动画缓和，如图 8.14 所示。

图 8.13　动画缓和设置

图 8.14　动画缓和设置

8.3　视觉特性

CS 软件提供了设置视频特性的功能，即创建动画并添加动画效果。

8.3.1　添加动画

前面讲述了通过缩放功能为视频添加动画，这里讲述通过可视化属性添加动画并设置动画效果。

在 CS 编辑器中，单击【可视化属性】选项，打开【可视化属性】界面，如图 8.15 所示。

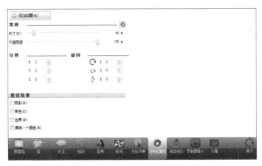

图 8.15　可视化属性界面

【可视化属性】界面包括添加动画、常规、尺寸、不透明度、位置、旋转、视觉效果等内容，其中视觉效果包括阴影、单色、边界、清除一个颜色。

1. 添加动画

选择要添加动画的轨道（将其他轨道加锁），将播放头定位于要创建动画的位置，单击【可视化属性】界面中的【添加动画】按钮，一个动画就添加到媒体播放头处，如图 8.16 所示。

图 8.16　添加动画效果

添加动画后，播放头位于蓝点处，可以对画布上的媒体进行设置，如调整、移动、旋转等。按下鼠标左键拖动动画起始位置的白点向左或蓝点向右，改变动画的持续时间，在动画箭头上按下鼠标左键拖动，改变动画的位置。

2. 常规

单击常规会恢复画面原始尺寸。

3. 尺寸

画面尺寸可通过【可视化属性】界面中尺寸右侧的水平滑块来调整，向左为调小尺寸，最小值为 1%；向右为调大尺寸，最大值为 500%。

4. 不透明度

设置视频忽明忽暗的效果，可以通过设置动画的不透明度来实现。不透明度的设置通过可视化属性窗口中不透明度右侧的水平滑块来调整，向左调，使画面透明度降低，最小值为 0%；向右调，使画面透明度提高，最大值为 100%。

设置动画开始到结束之间的不透明度，在轨道上选择一个已存在的动画，将播放头定位在动画开始位置的白点上，设置动画开始时的不透明度数值；将播放头定位在动画结束位置的蓝点上，设置动画结束时的不透明度数值。这样动画在播放时从开始到结束就会有不透明度的变化。

5. 位置的调整

添加动画后，为了精准设置动画在画布 X 轴、Y 轴、Z 轴上的位置，用户可在【可视化属性】界面中位置下方调整三者数值，以实现画面的精准定位。

6. 旋转

CS 中还提供了设置动画中媒体旋转的功能，即媒体在三维方向上旋转。

在时间轴轨道上选择一个现有的动画，将播放头定位于动画起始的白点上，设置其旋转的起始坐标数值，将播放头定位于动画结束的蓝点上，设置其旋转的结束坐标数值，这样就设置了该动画以某坐标轴的旋转。如图 8.17（a）所示，播放头在动画的起始位置，其旋转 Y 数为 0；如图 8.17（b）所示，播放头在动画的结束位置，其旋转 Y 数为 180，则画面以 Y 坐标轴进行了 180 度的旋转。

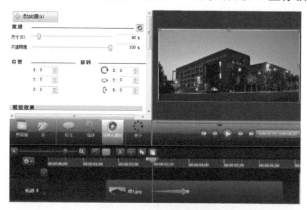

图 8.17　（a）动画旋转前

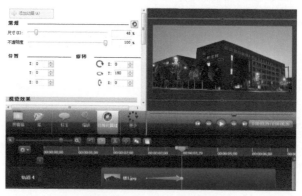

图 8.17　（b）动画旋转后

8.3.2 视觉效果

通过视觉效果的设置,可以使视频、图像、标注等实现阴影效果、改变颜色、改变边界效果、清除一个颜色等。

在 CS 编辑器中,单击【可视化属性】选项,打开【可视化属性】界面。在此界面中进行阴影、单色、边界、清除一个颜色等设置。

1. 阴影

在轨道上的片段媒体,可以为其设置阴影。设置阴影的参数,包括距离、方向、不透明度、模糊。勾选【阴影】选项,设置上述几个参数,如图 8.18 所示。

距离:通过其右侧的水平滑块来调整,最小数值为 0,最大数值为 100。数值越大表明阴影距离画面的边缘越远。

方向:通过其右侧的水平滑块来调整,其数值从 0 到 360,也就是说,阴影的位置从右、上、左、下、右位顺序。

不透明度:设置阴影的不透明度,通过不透明度右侧的水平滑块来调整数值。不透明度的值从 0 到 100,数值越大,透明度越大。

模糊:设置阴影的模糊程度,通过其右侧的水平滑块来调整数值。模糊的数值从 0 到 20,数值越大,阴影的模糊程度就越大。

2. 单色

轨道上的片段媒体,能够对其单一颜色进行更改。

勾选【单色】选项,设置颜色、数量两个参数。

颜色指的是片段媒体的某一个单一的颜色;数量是指该单一颜色的数量,数值从 0 到 100,数值越小,该颜色越少,数值越大,该颜色越多。数值的调整通过拖动水平滑块来调节。

图 8.18 视觉效果设置

3. 边界

轨道上的片段媒体,同样可以对其边界进行颜色及厚度的设置。

勾选【边界】选项,设置颜色、厚度两个参数。

颜色指的是片段媒体边界的颜色;厚度是指设定边界颜色的厚度。数值从 0 到 10,数值越小,该颜色的边界越窄,数值越大,该颜色的边界越宽。数值的调整通过拖动水平滑块来调节。

4. 清除一个颜色

清除一个颜色,即让一种颜色从一个视频或图像中删除。通常用此技术来去除视频或图像背后的一个背景颜色。清除一个颜色的参数设置包括颜色、容差、柔软度、色相、去边、反向效果。

颜色:是指要清除的颜色,单击颜色右侧的按钮,打开调色板,从中选取要去除的颜色或用吸管工具从图像中选取一种颜色。

容差:容差值决定着选取颜色的范围,当选择某一种颜色后,通过调整容差值来扩大或缩小颜色的选取范围。容差值从 0 到 100,容差值越大,选取的颜色范围越大。

柔软度:柔软度决定着选取颜色的柔软程度。柔软度数值从 0 到 100,数值越大,选取的颜色的柔软度越高。

色相、去边、反向效果等参数的设置不再详述。

运用清除一个颜色来去除图像的背景色,如图 8.19 所示,图像的绿色背景被删除。

图 8.19　清除一个颜色

8.4 案例

8.4.1 微视频案例——《PS 新课导入》

【案例描述】

- 知识点内容简述

Adobe Photoshop CS6 是一款专业的图片处理软件。在学习者学习该软件之前，先让学习者观看一段运用 PS 软件加工处理后的图片制作成电子相册的视频，作为课前导入。视频中通过原始图片与加工后图片的对比，让学习者直观感受到 PS 软件处理图片的实效，增加学习者的学习兴趣。

案例将运用 CS 软件的转场功能，设置原始图片与 PS 合成图片之间的转场效果。

- 技术实现思路

运用 CS 软件，将原始图片和 PS 软件加工后的图片导入剪辑箱；分别添加一张原始图片、一张 PS 加工后的图片，为两张图片之间添加过渡效果，依次类推，添加所有图片；添加背景音乐；生成 PS 新课导入的视频。

制作完成的视频参见 ..\8.4.1\PS 新课导入 .mp4。

【案例实施】

- 知识点内容脚本

运用 PS 软件选区、图层、画图与变换图像、修饰和修改图像、矢量工具与路径、蒙版、通道、自动化等功能对 12 幅图片进行处理，其中（..\8.4.1\原始图片 1.jpg 和 ..\8.4.1\ 原始图片 2.jpg）两幅图片，合成并存储为（..\8.4.1\ 合成 1.jpg）文件；（..\8.4.1\ 原始图片 5.jpg 和 ..\8.4.1\ 原始图片 6.jpg）两幅图片，合成并存储为（..\8.4.1\ 合成 4.jpg）文件；（..\8.4.1\ 原始图片 3.jpg）加工处理后生成（..\8.4.1\ 合成 2.jpg）文件；（..\8.4.1\ 原始图片 4.jpg）加工处理后生成（..\8.4.1\ 合成 3.jpg）文件；（..\8.4.1\ 原始图片 7.jpg）加工处理后生成（..\8.4.1\ 合成 5.jpg）文件；（..\8.4.1\ 原始图片 8.jpg）加工处理后生成（..\8.4.1\ 合成 6.jpg）文件；（..\8.4.1\ 原始图片 9.jpg）加工处理后生成（..\8.4.1\ 合成 7.jpg）文件；（..\8.4.1\ 原始图片 10.jpg）加工处理后生成（..\8.4.1\ 合成 8.jpg）文件；（..\8.4.1\ 原始图片 11.jpg）加工处理后生成（..\8.4.1\ 合成 9.jpg）文件；（..\8.4.1\ 原始图片 12.jpg）加工处理后生成（..\8.4.1\ 合成 10.jpg）文件。（说明：PS 加工图片的操作在此不叙述）

- CS 添加过渡效果

运用 CS 软件制作 PS 新课导入的视频，操作步骤如下。

步骤 1　启动 CS 软件，在编辑器中单击【剪辑箱】按钮，打开【剪辑箱】窗口。

步骤 2　在【剪辑箱】窗口中单击鼠标右键，在弹出的快捷菜单中，选择【导入媒体】项，将 12 张原始图片和合成的 10 张图片导入到剪辑箱内。

步骤 3　选中剪辑箱内的原始图片 1、原始图片 2 和合成 1 这 3 张图片，按住鼠标左键，依序将它们拖动到轨道 1 上。

步骤 4 设置每张图片的播放时间均为 2 秒。

步骤 5 在编辑器中，单击【转场】按钮，打开【转场】窗口。

步骤 6 单击选中"立方体旋转"过渡效果，按住鼠标左键将其拖动到轨道 1 中图片 2 与图片 3 之间的位置，即为两张图片添加了此种过渡效果。

步骤 7 重复步骤 3～步骤 6，完成其余原始图片与合成图片之间的转场效果的添加，分别添加的转场效果是"折叠""梯度擦拭""页面滚动""伸展""向右滑动""滚轮""条状""插页""梯度擦拭"。

步骤 8 单击【库】按钮，打开库窗口，单击选中"Full Song"音乐作为背景音乐，按住鼠标左键将其拖动到轨道 2 上，调整其持续时间，并设置其淡入淡出效果。

步骤 9 单击 CS 软件的【文件】>【生成和分享】菜单，根据提示完成视频渲染。

8.4.2 微视频案例——《PS 颜色替换工具》

【案例描述】

· 知识点内容简述

Photoshop CS6 是一款专业的图片处理软件，其绘图类工具是修饰图像的重要工具之一，其中的颜色替换工具可用于完成部分区域颜色的替换，实现精美图片的制作。

案例将运用 CS 软件的录制屏幕、快/慢镜头、缩放镜头等功能，录制 PS 软件颜色替换工具使用过程的视频，并且为视频添加缩放镜头、快镜头。

· 技术实现思路

写出运用 PS 软件的颜色替换工具修饰图像的方法、操作步骤的讲解脚本；运用 CS 软件的【录制屏幕】功能，对 PS 软件中使用颜色替换工具的操作过程进行录制；对录制的视频添加快/慢镜头与缩放镜头效果。

制作完成的视频参见 ..\8.4.2\PS 颜色替换工具 .mp4。

【案例实施】

· 知识点内容脚本

PS 软件中的颜色替换工具，可用于完成部分区域颜色的替换，使用颜色替换工具的操作步骤如下。

步骤 1 启动 PS 软件，单击【文件】>【打开】菜单。

步骤 2 在【打开文件】对话框中，选择（..\8.4.2\1.jpg）图像文件，单击【打开】按钮打开该文件。

步骤 3 在 PS 工具箱中选择【磁性套索工具】。

步骤 4 沿图像文件中人物上衣的边缘拖动鼠标，创建选区。

步骤 5 在 PS 工具箱中选择【颜色替换工具】。

步骤 6 在工具选项栏中设置【画笔】为 70px，在【模式】下拉列表中选择【颜色】选项，在【颜色】面板中设置 R、G、B 分别为 160、50、170。

步骤 7 在选区中拖动鼠标替换选区内图像的颜色。

步骤 8 松开鼠标左键，就完成了替换图片选区颜色的效果。

· CS 案例实现

1. CS 录制屏幕

录制讲解 PS 颜色替换工具操作步骤的视频，运用 CS 软件录制、编辑的操作步骤如下。

步骤 1 启动 CS 软件，单击工具栏中的【录制屏幕】按钮，打开 CS 软件的录像机。

步骤 2 设置录像机的【选择区域】为【全屏幕】，设置【录制输入】中的【音频开】的状态并调整音量，单击红色【rec】录制按钮，开始录制。

步骤 3　录制完成后，单击录像机工具栏中的【停止】按钮或按 F10 键结束录制，在弹出的预览窗口中选择【保存并编辑】选项，打开【保存文件】对话框。

步骤 4　在【保存文件】对话框中，将文件保存为（..\8.4.2\PS 颜色替换工具 .trec）文件，此时视频将同时被加载到 CS 剪辑箱中。

2. CS 添加缩放镜头

步骤 5　将已经加载到剪辑箱内的文件用鼠标拖到时间轴的轨道 2 上。

步骤 6　将播放头置于 0:00:48;23 处，在 CS 编辑器中单击【缩放】选项，打开缩放窗口。

步骤 7　在缩放窗口中，尺寸一栏输入 830%，此时，该轨道上播放头所在位置出现一个缩放动画，用鼠标拖动动画的结束句柄（蓝色圆句柄）至 0:00:50;13 处；此时在缩放窗口中，使用鼠标拖动句柄调整视频显示区域，使其刚好显示单击【颜色替换工具】按钮部分内容。

经过步骤 6～步骤 7，即实现了从 0:00:48;23 至 0:00:50;13 时间段的镜头缩放效果。

3. CS 添加快放镜头

步骤 8　将播放头置于轨道 2 的 0:01:09;14 处，单击时间轴工具栏中的【分割】按钮。

步骤 9　将播放头置于轨道 2 的 0:01:19;16 处，单击时间轴工具栏中的【分割】按钮。

步骤 10　右键单击轨道 2 中分离出的媒体，选择菜单中媒体的【剪辑速度】选项，打开【剪辑速度】窗口，在【原始剪辑速度】一栏输入 176，单击【确定】按钮，加快选区部分媒体的播放速度，即为该段媒体添加了快镜头。

步骤 11　单击 CS 软件的【文件】>【生成和分享】菜单，根据提示完成视频的渲染，将视频保存为（..\8.4.2\PS 颜色替换工具 .mp4）。

8.4.3　微视频案例——《微课设计流程》

【案例描述】

- 知识点内容简述

微课是目前较为流行的一种微型教学方式。清晰微课设计流程是制作微课的基础。微课设计流程主要包括选题设计、时间设计、教学过程设计、资源设计、教学语言设计 5 部分。

案例将运用 CS 软件的录制屏幕、静态标注、可视化属性等功能，制作"微课设计流程"知识点讲解的视频。

- 技术实现思路

写出"微课设计流程"讲解的脚本，制作讲解 PPT；运用 CS 软件的录制屏幕功能，把讲解微课设计流程的 PPT、讲解声音录制为视频；编辑所录制的视频，在视频最后以添加静态标注并设置其视频特性的方式，总结微课设计的流程。

制作完成的视频参见 ..\8.4.3\ 微课设计流程 .mp4。

【案例实施】

- 知识点内容脚本

微课的开发涉及教学设计、多媒体素材制作与合成、网络发布等多项内容，为保证微课教学的有效性，首先需要对其进行精心的设计。具体的微课设计流程如下。

1. 选题设计

微课的选题要精练，教学内容要明晰。

2. 时间设计

时间一般仅为 5～10 分钟，最长不宜超过 15 分钟。

3. 教学过程结构设计

（1）快速引入课题

（2）内容讲解

（3）总结收尾要快捷

4. 资源设计

微课是有内部结构的资源包，资源设计包括教案与学案设计、多媒体教学素材和课件设计、练习测试设计等。

5. 教学语言设计

由于微课时间有限，语言的准确简明非常重要。

· CS 案例实现

1. PPT 另存为图片

步骤 1　打开（..\8.4.3\ 微课设计流程 .PPT）文件，执行【文件】>【另存为】命令，将演示文稿的每一张幻灯片分别存为（..\ 8.4.3\ 微课设计流程 1.jpg）、（..\ 8.4.3\ 微课设计流程 2.jpg）、（..\ 8.4.3\ 微课设计流程 3.jpg）、（..\ 8.4.3\ 微课设计流程 4.jpg）、（..\ 8.4.3\ 微课设计流程 5.jpg）文件。

步骤 2　打开 CS 软件，将前 4 张图片导入剪辑箱并按顺序加载到轨道 1 上。

2. CS 录制语音旁白

步骤 3　CS 软件中，录制语音旁白的操作参见案例 7.5.1，录制的音频保存为（..\ 8.4.3\ 微课设计流程 .wav）文件，同时音频加载到轨道 2 上。

步骤 4　语音旁白中讲解第 1 张幻灯片的音频长度为 0:01:19;18，因此调整第 1 张幻灯片图片的播放"持续时间"为 0:01:19;18，依次调整第 2、3、4 张幻灯片图片的播放"持续时间"与对应的音频长度相匹配。

3. CS 静态标注

步骤 5　将第 5 张图片从剪辑箱中加载到轨道 1 的第 4 张图片的后面，将播放头置于此图片开始处。

步骤 6　在编辑器中单击【标注】选项，打开标注窗口。

步骤 7　单击 "Filled Rounded Rectangle" 选项，轨道 3 的画布上将出现一个长方形标注，设置标注的填充颜色为"绿色"。

步骤 8　在标注窗口文本区域的文本框中输入"一、选题设计"，调整字体为"宋体"，字号为"22"，字体颜色为"黑色"。

步骤 9　在预览窗口中拖动标注四周的句柄调整标注大小，拖动鼠标调整标注的位置，将其置于窗口中上部。

步骤 10　重复步骤 7～步骤 9，分别在轨道 4、5、6、7 上添加标注：

添加第 2 个标注（轨道 4），步骤 8 中将标注文本输入为"二、时间设计"；

添加第 3 个标注（轨道 5），步骤 8 中将标注文本输入为"三、教学过程设计"；

添加第 4 个标注（轨道 6），步骤 8 中将标注文本输入为"四、资源设计"；

添加第 5 个标注（轨道 7），步骤 8 中将标注文本输入为"五、教学语言设计"。

步骤 11　拖动时间轴上的标注，设置其开始时间与持续时间：

将第 1 个标注的开始时间设置为 0:04:21;00，持续时间为 0:04:29;09；

将第 2 个标注的开始时间设置为 0:04:22;15，持续时间为 0:04:29;09；

将第 3 个标注的开始时间设置为 0:04:24;02，持续时间为 0:04:29;09；

将第 4 个标注的开始时间设置为 0:04:26;01，持续时间为 0:04:29;09；

将第 5 个标注的开始时间设置为 0:04:27;09，持续时间为 0:04:29;09；

4. CS 可视化属性设置

步骤 12　选择轨道 3 并将播放头置于该轨道标注（第 1 个标注）开始处，单击选中此标注。

步骤 13　在编辑器中单击【可视化属性】选项，打开【可视化属性】界面。

步骤 14　单击【添加动画】按钮，时间轴标注 1 上将出现一个蓝色的圆点，拖动此圆点调整动画的持续时间为 00:00:01;15，此时该标注上添加了动画效果，动画开始处为白色圆点，动画结束处为蓝色圆点。

步骤 15　选择该动画并将播放头置于该动画结束的蓝色圆点处，在【可视化属性】界面中的【旋转】一栏中，设置【X】、【Y】、【Z】的数值分别是"360""360""360"，即为该标注添加了三维旋转动画。

步骤 16　勾选【阴影】复选框，分别拖动其下面的【距离】、【方向】、【不透明度】、【模糊】参数后面的水平滑块，将其值设为"2""12""100""6"，即为标注添加了一个阴影。

步骤 17　勾选【单色】复选框，单击其下面的【颜色】下拉列表打开【调色板】，单击选择"红色"，拖动【数量】参数后面的水平滑块，将其值设置为"100"，即将标注改变为红色。

步骤 18　勾选【边界】复选框，单击其下面的【颜色】下拉列表打开【调色板】，单击选择"黄色"，拖动【厚度】参数后面的水平滑块，将其值设置为"3"，即为标注添加一个黄色边框。

步骤 19　重复上述步骤 12 ～ 18，完成其他 4 个标注的可视化属性设置。

步骤 20　单击 CS 软件的【文件】>【生成和分享】菜单，选择【自定义生成设置】选项，根据提示完成视频的渲染。

第9章

字幕

运用 CS 制作视频时，为使制作出的视频有较好的宣传作用，CS 软件提供了片头片尾的素材以及创建字幕、标题等的方法。读者运用这些功能可以很轻松地制作出非常专业、效果极佳的视频。

9.1 片头片尾制作

片头是一个视频的脸面，会给观众第一视觉印象。因此，制作非常漂亮的片头很重要。CS 提供了大量片头片尾的素材，用户合理运用这些素材，便可以轻松地制作出视觉效果极佳的片头。这些素材存放在 CS 软件的库中，同时用户还可以将外部的素材导入到库中（有关库的操作，请参见第 4 章）。

CS 软件本身自带片头片尾的素材，如图 9.1 所示。

图 9.1　片头片尾的素材

9.1.1　添加片头片尾

添加片头片尾的操作步骤简单易学，大致如下。

在 CS 编辑器中，单击【库】选项打开库窗口，库窗口类似于资源管理器窗口，其中有许多文件夹，或是片头文件夹，或是片尾文件夹。

双击打开一个片头或片尾文件夹，单击选中一个片头或片尾，双击可在预览窗口中观看该片头或片尾的效果。

在该片头或片尾上单击鼠标右键，在打开的快捷菜单中选择【添加到时间轴播放】命令，该片头或片尾就加载到轨道上。也可用鼠标拖曳的方式，把该片头或片尾拖曳到轨道上。

在轨道上双击该片头或片尾，打开标注窗口，在标注窗口的文本框中输入片头或片尾的文本，设置文本的相关属性即可。有关标注的运用将在第 11 章进行详细介绍。

对于片头或片尾的制作，同样能为其添加音频并设置效果。

9.1.2 编辑片头片尾

片头或片尾的编辑，包括图片编辑、文本编辑、音频编辑以及片头或片尾播放时间长度的编辑等。

一般来说，通过库添加的片头或片尾，大多由标注和图片两部分组成。如果需要对标注和图片分别进行编辑，可在轨道的该片头或片尾上，单击鼠标右键，在打开的快捷菜单中选择【取消编组】命令，此时，图片、标注会各占一个轨道。此外图片、标注都可进行转场效果的设置，即图片的进入效果、退出效果，标注的进入效果、退出效果。

为片头或片尾添加音频，用来实现片头或片尾的声画并茂效果。有关音频的编辑在此不重述。

在轨道上，凡是与标注密切相关的画面、音频等，其播放长度都需要统一调整。调整的方法是将鼠标移动到片段画面、片段音频的开始位置或结束位置，按下鼠标左键进行左右拖动，实现播放时间长度的调整。

9.2 添加标题

制作视频的时候，经常有第 1 部分、第 2 部分、第 3 部分，甚至更多，在每一部分之前应该有一个标题，我们把这个标题视频叫作标题剪辑。

9.2.1 制作标题剪辑

制作标题剪辑实质上是在轨道上综合运用图片、音频、动画效果、转场、标注等，来制作一个片段视频，其重点是标注的运用（标注的运用参见第 11 章）。

9.2.2 标注窗口

标注主要用于完成标题剪辑的文本制作，在此我们先对标注窗口做一个简要的介绍，如图 9.2 所示。

标注窗口主要包括形状、文本、属性 3 部分。

（1）形状

形状用来设置标注的背景形状，包括背景形状边框、背景形状颜色、背景形状填充效果等。

（2）文本

该部分用来设置标题剪辑的文本内容，包括设置文本的字体、字形、字号、颜色、对齐方式等。

（3）属性

属性部分主要来设置文本的淡入时间、文本热点、不透明文本等。

图 9.2 标注窗口

9.2.3 标题剪辑的应用

制作好的标题剪辑，会在剪辑箱的视频类中显示出来。

标题剪辑的应用通常有以下两种情况。

（1）在某一段视频的当中插入标题剪辑，这样就需要在该段视频当中选择一个时间点并将播放头定位于此，把此段视频运用【分割】命令打断为两段视频，然后把标题剪辑从剪辑箱中拖曳到轨道相应位置上。

（2）视频已经是两个独立的片段视频，就直接把标题剪辑从剪辑箱中拖曳到两个视频之间的轨道上。

加载到轨道上的标题剪辑，同样还可以对其进行编辑，编辑的方法是在轨道该标题剪辑上单击鼠标右键，通过快捷菜单中的相应命令，对标题剪辑再次进行编辑和修改。

9.3 创建字幕

字幕指显示在视频上的文本，主要是在播放媒体资源时为观众提供视觉的帮助或者解释性的信息。此外，字幕还为一些特殊群体提供帮助，如听觉障碍的观众；音频为非母语时提供母语字幕等。

CS 对于字幕的管理非常方便，在 CS 编辑器中，单击【字幕】选项，打开字幕窗口，如图 9.3 所示。

图 9.3　字幕窗口

字幕窗口包括全局设置和高级两部分，全局设置包括 ADA 标准、字符格式、添加字幕媒体、语音到文本、字幕显示区等内容；高级包括同步字幕、导入字幕、导出字幕。

CS 添加字幕的方法有 4 种：添加字幕媒体、语音到文本、同步字幕和导入字幕。

字幕的类别有 ADA 标准和自定义两类。

9.3.1　ADA 字幕

1. ADA 字幕

《美国残疾人法案》（ADA）是一个联邦反歧视法规，旨在让残疾人和正常人一样，享受同样的待遇。在许多国家、政府或教育机构，必须包含 ADA 兼容的视频字幕。CS 按照这些标准提供了一个 ADA 的字幕功能。

当打开字幕窗口时，此窗口右上角有【ADA 标准】按钮（见图 9.4），单击此按钮，在字幕显示区文本框中输入字幕文本，文本的字符格式自动为 ADA 标准格式；此时，在最上部轨道播放头所在位置自动添加了字幕，字幕默认播放时间为 4 秒。

CS 默认情况下，使用 ADA 的字体设置添加标题和字幕。

2. 自定义格式字幕

用户编辑字幕时，可以不使用默认的 ADA 字幕，根据自己的需要设置字幕的字符格式。

当打开字幕窗口时，此窗口中有一个字幕字符格式设置工具栏（见图 9.5），运用工具栏设置字符的字体、字号、增大字号、减小字号、字符的颜色、字幕背景颜色、字符对齐、显示字幕等，其中字符对齐包括默认、左、中心、右等对齐方式。

图 9.4　ADA 标准按钮

设置完字符格式，在字幕显示区文本框中输入字幕文本，在最上部轨道播放头所在位置自动添加了设定格式的字幕，字幕默认播放时间为4秒。

图9.5　定义字幕格式工具栏

9.3.2　添加字幕媒体

在CS软件中，用户可以在视频的任何位置手动添加字幕。添加的字幕可以是静态字幕，也可以是动态字幕。

1. 静态字幕

静态字幕是指视频播放时，字幕本身是静止显示。

选择某一轨道，将播放头定位于需要添加字幕的位置，在编辑器中，单击【字幕】选项，打开字幕窗口，单击该窗口中的【添加字幕媒体】按钮，在窗口字幕显示区的文本框中输入文本，此时可在画布上预览字幕文本内容。

需要说明，每个文本框中输入的文字不得超过3行。如果超出了3行，超出部分将不在视频中显示。若需要显示超过3行的内容，则应将文本框内容分解为两个文本框，这在后面同步字幕时会详述。

2. 动态字幕

动态字幕是指视频播放时，字幕是运动的。动态字幕需要运用标注、动画配合来制作。

选择某一轨道，将播放头定位于需要添加动态字幕的位置；在编辑器中，单击【标注】选项，打开标注窗口，选取窗口中标注的某一个矩形背景框，在文本框中添加文本，在预览窗口中调整矩形背景框的位置，并改变矩形背景框和字幕的颜色；在编辑器中，单击【可视化属性】选项，单击此窗口中【添加动画】按钮，轨道上出现一个动画，调整动画的播放与所对应的媒体播放同长度；将播放头定位在动画起始点位置，将标注矩形背景框移至预览窗口右下侧，再将播放头定位在动画结束点位置，将标注矩形背景框移至预览窗口左下侧。这样在播放此段动画时，即实现动态字幕效果（字幕从右下移动至左下）。

关于标注的详细运用将在后面章节介绍。

3. 编辑字幕

字幕的编辑包括全选、复制、剪切、粘贴、删除等操作。

单击【字幕】选项，打开字幕窗口，在窗口字幕显示区的文本框中选择要选取的文本内容，单击鼠标右键并在打开的快捷菜单中选择全选、复制、剪切、粘贴、删除等操作命令即可以完成字幕内容的编辑。

同样可以在轨道上用鼠标拖动的方式，调整字幕播放的时间长度、调整字幕开始位置与结束位置，从而实现字幕与音频、画面的同步。

还可以选择轨道上的某一段字幕，在其上单击鼠标右键，在打开快捷菜单中选择【使用上一个标题合并】、【分割标题】、【删除标题文本】、【剪辑速度】等命令对字幕进行编辑。

分割标题。前面讲到一个字幕文本框最多可显示3行文本，如果文本太多，3行后面的内容在预览窗口不显示。这样就需要对字幕文本框中的内容进行分割标题。分割标题的方法是，在轨道上选择某一个字幕，单击鼠标右键并在打开的快捷菜单中选择【分割标题】，此时产生一个原字幕文本框的副本；用户将原字幕文本框不需要的文本删掉，将副本字幕文本框不需要的内容也删掉，就实现了一个字幕文本框分成两个字幕文本框的目的。

9.3.3 同步字幕

用户运用 CS 软件编辑视频时，往往先把字幕编辑成 doc 文档或 txt 文档。这些文本内容如果需要制作成视频的同步字幕，CS 提供了同步字幕功能，可以非常轻松、便捷地实现字幕与画面、音频的同步。

1. 同步字幕

将 doc 文档或 txt 文档中的文本内容进行复制，然后到字幕窗口的文本框中进行粘贴，就会在轨道上添加一个字幕。但是，字幕的文本在预览窗口中只显示 3 行。

单击字幕窗口中【同步字幕】按钮，打开同步字幕窗口，如图 9.6 所示。

此窗口提示，当用户按下【继续】按钮时，视频就会播放。在播放的过程中，当听到一句话结束后，用鼠标在字幕文本框中单击下一句话开始的单词，就会创建一个新的字幕。重复这样的操作就会把全部文本分割为若干个新的字幕，并实现字幕与画面、音频的同步。

在播放过程中，还可以使用【暂停】和【停止】按钮来控制视频的播放，如图 9.7 所示。

图 9.6 同步字幕窗口

图 9.7 同步字幕窗口中的暂停和停止按钮

实现同步字幕后的效果，如图 9.8 所示。

图 9.8 同步字幕效果

2. 分割字幕

如果要对某一个字幕继续分割，只需将播放头定位于该字幕的开始位置，再次单击【同步字幕】按钮，并在同步字幕窗口中单击【继续】按钮，打开【与音频字幕同步】窗口，选择【在播放头时间轴位置并开始取代这一点的所有标题上】单选项（见图 9.7），单击【确定】按钮开始播放，用鼠标在字幕文本框中单击下一句话开始的单词，就会创建一个新的字幕，即实现了该字幕的分割。

3．合并字幕

（1）合并同一轨道上的所有字幕

如果要把多个字幕的内容合并到一个字幕文本框中，在打开的【与音频字幕同步】窗口中，选择【在时间轴开始启动并取代现有的所有标题】单选项（见图9.9），单击【确定】按钮开始播放，此时会将时间轴上所有字幕合并到同一个字幕文本框中。

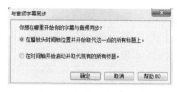

图 9.9 与音频字幕同步

此窗口还会提示，当用户单击【继续】按钮时，视频就会播放。

（2）合并相邻的两个字幕

如果相邻的两个字幕需要合并为一个字幕，只需要在轨道后一个字幕上单击鼠标右键，在打开的快捷菜单中选择【使用上一个标题合并】命令，就会将两个相邻的字幕合二为一。

9.3.4 导入字幕

CS 编辑视频的字幕时，还可以运用外部的字幕文件。

CS 支持的外部字幕文件格式包括 SRT、SMI、SAMI 3 种文件格式。

在 CS 编辑器中，单击【字幕】选项，打开字幕窗口；选择某一轨道并将播放头定位于要添加字幕的位置；单击【导入字幕】按钮，在【导入字幕文件】对话框中，浏览并选择字幕文件，就会将字幕文件当中的字幕添加到时间轴的轨道上。

9.3.5 导出字幕

CS 编辑视频的字幕时，同样能够把自身编辑的字幕导出为外部的字幕文件。导出的字幕文件格式包括 SRT 和 SMI 两种格式。外部字幕文件可以运用相关的字幕编辑软件对其内容进行编辑，如 SrtEdi 软件。

在 CS 编辑器中，单击【字幕】选项，打开字幕窗口，选择字幕所在轨道，单击【导出字幕】按钮，在【导出标题文件】窗口中，设置文件保存名称、保存路径，单击【保存】按钮，即可将当前轨道上的字幕保存为字幕文件。

9.3.6 语音到文本

1．语音到文本简述

录制好的视频，有时需要把讲解的声音内容生成字幕，实现字幕与音频同步。CS 软件提供了语音到文本的功能，能够从声音叙事或轨道上的音频自动识别内容并创建字幕。如果运用软件进行了语音识别精度训练，识别的精度会更高。

这里需要说明，CS 软件的语音到文本功能，需要操作系统的语音引擎。Windows 7 操作系统语音引擎是操作系统的一部分，安装操作系统时都会安装语音引擎，所以在 Windows 7 系统安装 CS 后，其语音识别功能就可用。对于 Windows XP 系统来说，往往没有安装语音引擎，需要用户从网上下载语音引擎 5.1 版本并安装到计算机，这样在 CS 当中才能够运用语音到文本功能。

语音识别过程中，大小写、标点符号等不添加在字幕中。

2．语音识别精度的训练

由于每个人讲话速度、用词等风格存在较大差异，因此给语音的识别带来了较大的困难，或者说语音识别的准确率就比较低，为了提高语音识别精度，必须经过语音识别的训练。

在 CS 编辑器中，单击【字幕】选项，打开字幕窗口并单击【语音到文本】按钮，打开语音到文本设置界面，如图 9.10 所示。

图 9.10　语音到文本设置界面

语音到文本窗口中有一些提示，以帮助用户确保音频自动生成字幕尽可能准确。内容主要包括 3 个方面。

（1）训练计算机了解用户的声音

经过声音训练，使计算机了解用户个人讲话的方式、语速、用词等，这样会更精准地识别讲话的内容。

单击【开始语音训练】链接，打开语音识别训练界面（见图 9.11），单击【下一步】按钮进入训练，系统将一次显示一行文本（见图 9.12），读完一行后将自动显示下一行，直至完成全部训练。

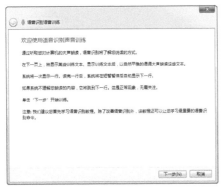

图 9.11　语音识别训练界面

图 9.12　训练文本界面

（2）设置麦克风

语音到文本实现字幕与音频的同步，在此过程中需要充分考虑音频的声音是通过外置麦克风，还是通过计算机声卡（也就是立体声混音）来获得。这需要在 Windows 操作系统下调整录音设备的来源，也可以在 CS 中启动音频设置向导。在图 9.10 所示的界面中单击【启动音频设置向导】链接，打开【麦克风设置向导】窗口，在该窗口中可选择录音设备并依据提示完成录音设备的设置，如图 9.13 所示。

另外，在图 9.10 所示的界面中单击【录音提示】链接，还可以打开录音帮助窗口，查看相关帮助信息。

（3）语音字典

进行语音到文字之前，还可以将一些新字词添加到 CS 的语音字典中。在图 9.10 所示的界面中单击【语音字典】链接，打开【语音字典】界面，如图 9.14 所示。在图 9.10 所示的界面中单击【学习如何将单词添加到字典】链接，打开帮助窗口，查看语音字典相关的帮助信息。

窗口包括添加新字词、阻止听写某个字词。用户依据需要进行选择并根据提示完成新字词的添加；同时，如果有经常性听写错误的词，为了提高其准确性，还可以通过【阻止听写某个字词】并依据提示将某个字词禁止听写。

打开【语音字典】界面。当添加了新词或阻止听写某个字词后，【语音字典】界面中会出现【更改现有字词】选项。单击【更改现有字词】链接可以进行编辑字词、删除字词等操作，如图 9.15 所示。

图 9.13 麦克风设置向导界面

图 9.14 语音字典界面

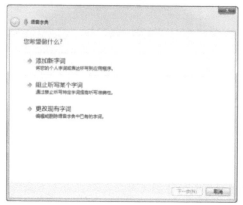

图 9.15 语音字典编辑

3. 语音到文本

完成前期准备工作，即可开始语音到文本生成字幕的工作。

在 CS 编辑器中，单击【字幕】选项，打开字幕窗口并单击【语音到文本】按钮，打开【语音到文本】界面（见图 9.16）。

语音到文本可以是时间轴上的所有音频媒体，也可以是时间轴上用户选取的片段音频媒体。因此，在此界面中，用户需要选择【整个时间轴】或【选择媒体】其中之一并进入下一界面，单击【继续】按钮，随后出现【准备音频转录】窗口（见图 9.17）和【转到录音频文本】窗口（见图 9.18）。当转录完成，字幕就会出现在轨道上。

双击轨道上某个字幕，可在字幕窗口对该字幕进行校对、编辑内容、添加标点符号等操作。

图 9.16 语音到文本界面

图 9.17 准备音频转录窗口

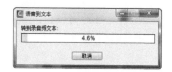

图 9.18 语音到文本窗口

9.3.7 字幕的编辑

字幕的编辑主要包括字幕文本内容编辑、文本字符属性编辑和字幕编辑。

1. 字幕文本内容的编辑

添加字幕后，在字幕窗口中就会看到每个字幕文本框的内容。

若要修改某个字幕的内容，方法一是在字幕窗口的文本框中单击，光标插入点即在该文本框中闪动，此时可对文本进行修改；方法二是在轨道某个字幕上双击，字幕窗口中该字幕文本框即获得光标插入点，此时也可以修改文本框中的内容。

2. 文本字符属性编辑

文本字符属性包括全局设置和个性设置。

全局设置主要包括字符的字体、字号、字符的颜色、字幕背景颜色、字符对齐、显示字幕等，在前面已经做了叙述。

个性设置主要实现字幕的突出显示，包括字符的粗体或斜体。

3. 编辑字幕

编辑字幕主要指删除字幕、移动字幕、合并字幕、更改字幕持续时间、打开与关闭字幕和生成视频时隐藏字幕等。

（1）删除字幕

对于字幕的删除包括字幕文本删除和字幕删除，另外运用同步字幕与手动字幕两种不同方法创建的字幕，其删除方法也不同。

文本的删除方法相同，方法一是在字幕窗口中选取文本框中的内容，按键盘上的 Delete 键；方法二是在轨道上选择某个字幕并单击鼠标右键，在弹出的快捷菜单中选择【删除标题文本】命令即可。

1）删除同步字幕。对于用同步字幕方法创建的字幕，不能单独删除某一个字幕，因为它们是一个字幕组。如果在轨道上选择某一个字幕，单击鼠标右键并从快捷菜单中选择【删除标题文本】命令，将会删除该字幕的文本内容，字幕在轨道上还存在，只是没有了文本内容；如果在快捷菜单中选择【删除】命令或按键盘上的 Delete 键，就会把该轨道上的全部字幕删除。

2）删除手动字幕。手动字幕就是通过添加字幕媒体功能创建的字幕。因为每次单击【添加字幕媒体】按钮，都会在轨道上创建一个独立的字幕，在该字幕上单击鼠标右键并从快捷菜单中选择【删除标题文本】或【删除】命令，就会删除字幕的文本内容或将字幕从轨道上删除。

（2）移动字幕

移动字幕主要是指移动字幕在轨道上的位置。

同步字幕是组合在一起的，不能够单一移动某一个字幕在轨道上的位置，如移动就是字幕整体的移动。移动的方法是将鼠标移动到字幕轨道上，按下鼠标左键在轨道上左右拖动。

手动字幕是单一的个体字幕。因此，可以移动单个字幕在轨道上的位置。移动方法是在某个字幕轨道上，按下鼠标左键在轨道上进行左右拖动。

（3）合并字幕

合并字幕在同步字幕部分已经提到，在此不再重述。

（4）更改字幕持续时间

无论是运用同步字幕还是手动字幕方式创建的字幕，其在轨道上都有一定的播放时间。如果需要调整某一字幕的播放时间，可将鼠标移动到该字幕的开始位置或结束位置，按下鼠标的左键左右拖动，来调整它的开始时间或结束时间，使字幕的播放时间长度发生改变。

（5）打开与关闭字幕

在字幕窗口中有字幕工具栏，其中有【显示字幕】选项，当勾选此项时，轨道上的字幕会显示在预览窗口中，相反则不然。

（6）生成视频时隐藏字幕

编辑完视频以后，可以在生成视频时隐藏字幕，但不会删除字幕。

生成视频时隐藏字幕的方法如下。

1）单击【生成和分享】按钮，在打开的【生成向导】窗口中选择【自定义生成设置】命令，单击【下一步】按钮。

2）选择【MP4- 智能播放器（Flash/html5）】播放器选项，单击【下一步】按钮。

3）单击【选项】选项卡，勾选【标题】项并设置【标题类型】为【隐藏式字幕】。

经过以上设置，最后生成的视频字幕就会隐藏，如图 9.19 所示。

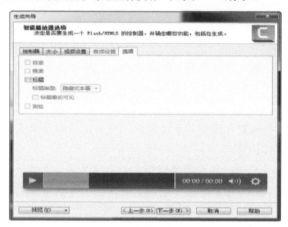

图 9.19　不勾选标题设置

9.4　案例

9.4.1　微视频案例——《PS 图层蒙版》

【案例描述】

- 知识点内容简述

Photoshop CS6 是一款专业的图片处理软件。软件的蒙版功能是合成图像的重要工具，本知识点以图层蒙版的使用为例，来说明 PS 蒙版的运用方法。

案例将运用 CS 软件的录制屏幕、添加字幕、编辑字幕等功能，将录制的视频进行编辑，实现画面、音频、字幕同步的视频。

- 技术实现思路

写出运用 PS 软件图层蒙版功能处理图片的操作步骤的脚本；然后运用 CS 软件的【录制屏幕】功能，把运用 PS 软件图层蒙版处理图片的操作全过程录制为视频；为录制的视频添加字幕、编辑字幕，然后生成视频文件。

制作完成的视频参见 ..\9.4.1\PS 图层蒙版 .mp4。

【案例实施】

- 知识点内容脚本

蒙版是 PS 软件的重要知识点，其中图层蒙版是合成图像的重要方法。以运用图层蒙版合成同一人物的两张图片为例，PS 软件中的操作步骤如下。

步骤 1　启动 PS 软件，单击【文件】>【打开】菜单。

步骤 2　在打开文件窗口中，按住键盘上的 Ctrl 键，同时选择（..\9.4.1\1.jpg）、（..\9.4.1\2.jpg）图片文件，单击【打开】按钮打开两个图片文件。

步骤 3　选择【窗口】>【排列】>【平铺】菜单，PS 中两个图片窗口显示出来。

步骤 4　选择【移动工具】，将 2.jpg 拖到 1.jpg 中，此时在 1.jpg 中出现图层 0（即背景图层）和图层 1 两个图层。

步骤 5　在【图层】面板中选择图层 1，单击【添加图层蒙版】按钮，为该图层添加图层蒙版。

步骤 6　单击工具箱中的【切换前景色和背景色】按钮，将前景色设置为黑色。

步骤 7　选择【画笔工具】，设置笔尖直径为"19px"，画笔硬度为"100%"，选择笔头为"尖角 19 像素"，模式选择"正常"，不透明度为"100%"。

步骤 8　在【图层】面板中，单击【图层蒙版缩略图】按钮，使用画笔工具在图层 1 需要隐藏的区域进行涂抹，以显示图层 0 该区域的图像。

步骤 9　单击【文件】>【存储】命令，保存图片为（..\9.4.1\3.jpg）。

- CS 案例实现

1. CS 录制屏幕

录制讲解 PS 图层蒙版操作步骤的视频，运用 CS 软件录制、编辑的操作步骤如下。

步骤 1　启动 CS 软件，单击工具栏中的【录制屏幕】按钮，打开 CS 软件的录像机。

步骤 2　设置录像机的【选择区域】为【全屏幕】，设置【录制输入】中【音频开】的状态并调整音量，单击红色【rec】录制按钮，开始录制。

当开始录制后，即按前述的脚本内容进行图片处理的操作。

步骤 3　录制完成后，单击录像机工具栏中的【停止】按钮或按 F10 键结束录制，在弹出的预览窗口中选择【保存并编辑】选项，打开【保存文件】对话框。

步骤 4　在【保存文件】对话框中，将文件保存为（..\9.4.1\PS 图层蒙版 .trec）文件，此时视频同时被加载到 CS 剪辑箱中。

2. CS 添加字幕

运用 CS 软件为录制好的视频添加字幕，操作步骤如下。

步骤 5　从剪辑箱中，用鼠标将视频拖到时间轴的轨道 1 上。

步骤 6　选择轨道 1，将播放头置于需要添加字幕的位置，单击编辑器中【字幕】选项，打开字幕窗口。

步骤 7　单击【添加字幕媒体】按钮，在字幕窗口中的字幕文本框中，输入前述脚本操作步骤 1 的文本内容。

步骤 8　输入完成后，单击【播放】按钮，依据视频中的语音内容，调节时间轴上字幕的开始时间、持续时间。

步骤 9　重复步骤 7～步骤 9 完成其余脚本操作步骤文本内容的添加。

步骤 10　在字幕窗口中设置字幕的属性，字符类型为"微软雅黑"、字号为"18"、字符颜色为"黑色"、字体背景为"无背景"、字幕位置为"居中"。

步骤 11　单击 CS 软件的【文件】>【生成和分享】菜单，根据提示进行下一步操作，当进入【生成向导的智能播放器选项】窗口时，在窗口中选择【选项】选项卡，勾选【标题】并设置【标题类型】为【显示字幕】。

步骤 12　继续单击【下一步】按钮，完成视频的渲染。

9.4.2 微视频案例——《PS 修饰工具》

【案例描述】

- 知识点内容简述

Photoshop（简称 PS）是一款专业的图片处理软件。该软件提供的图像修饰工具是处理图片的重要工具，本知识点以其中的修补工具的使用为例，来说明 PS 修饰工具的运用方法。

案例将运用 CS 软件的录制屏幕、同步字幕、编辑字幕等功能，对录制的视频进行编辑，实现画面、音频、字幕同步的视频。

- 技术实现思路

写出运用 PS 软件的修补工具进行图像修饰的操作步骤的讲解脚本；然后运用 CS 软件的录制屏幕功能，把 PS 软件中使用修补工具的操作过程录制为视频；为录制的视频添加字幕（字幕内容为 PS 中的操作步骤），实现画面、音频、字幕同步的视频。

制作完成的视频参见 ..\9.4.2\PS 修饰工具 .mp4。

【案例实施】

- 知识点内容脚本

PS 修饰工具包括仿制图章工具、图案图章工具、修复画笔工具、模糊工具、锐化工具、修补工具等。PS 软件中修补工具的操作步骤如下。

步骤 1　启动 PS 软件，单击【文件】>【打开】菜单。

步骤 2　在【打开文件】对话框中，选择（..\9.4.2\1.png）图像文件，单击【打开】按钮打开该文件。

步骤 3　在 PS 工具栏中选择【修补工具】。

步骤 4　在工具选项栏中，选择"源"。

步骤 5　按下鼠标左键在画布上画出一个区域（此时形成一个选区），此区域为源区域。

步骤 6　在工具选项栏中选择"目标"。

步骤 7　将鼠标移动到源区域上（第 5 步骤的选区），按下鼠标左键拖动该区域到要修补的区域上，松开鼠标左键，就完成了用创建的区域去修补目标区域的效果。

步骤 8　单击【文件】>【存储为】命令，将图片保存至（..\9.4.2\2.png）。

- CS 案例实现

1. CS 录制屏幕

录制讲解 PS 使用修补工具的操作步骤的视频，运用 CS 软件录制、编辑的操作步骤如下。

步骤 1　启动 CS 软件，单击工具栏中的【录制屏幕】按钮，打开 CS 软件的录像机。

步骤 2　设置录像机的【选择区域】为【全屏幕】，设置【录制输入】中【音频开】的状态并调整音量，单击红色【rec】录制按钮，开始录制。

步骤 3　录制完成后，单击录像机工具栏中的【停止】按钮或按 F10 键结束录制，在弹出的预览窗口中选择【保存并编辑】选项，打开【文件保存】对话框。

步骤 4　在【文件保存】对话框中，将文件保存为（..\9.4.2\PS 修饰工具 .trec）文件，此时视频将同时被加载到 CS 剪辑箱中。

2. CS 同步字幕

步骤 5　将已经加载到剪辑箱内的文件用鼠标拖到时间轴的轨道 1 上。

步骤 6　在编辑器中单击【字幕】选项，打开字幕窗口。

步骤 7　复制上述 PS 修饰工具的操作步骤 1～步骤 8 的文本内容。

步骤 8　单击【添加字幕媒体】按钮，将复制的文本内容粘贴到字幕窗口中的字幕文本框中。

步骤 9　单击字幕窗口中【同步字幕】按钮，打开【同步字幕】界面，单击【继续】按钮，开始播放视频。

步骤 10　播放视频过程中，当听到一句话结束时，用鼠标在字幕文本框中单击下一句话开始的单词，即可创建一个新的字幕。

步骤 11　重复步骤 6 ～步骤 10，完成其余文本内容字幕的同步。

步骤 12　单击 CS 软件的【文件】>【生成和分享】菜单，根据提示进行下一步操作，当进入生成向导的【智能播放器选项】窗口时，在窗口中选择【选项】选项卡，勾选【标题】并设置【标题类型】为【显示字幕】。

步骤 13　继续单击【下一步】按钮，完成视频的渲染。

9.4.3　微视频案例——《视频的基本知识》

【案例描述】

· 知识点内容简述

视频（Video）泛指将一系列静态影像以电信号的方式加以捕捉、记录、处理、储存、传送与重现的各种技术。连续的图像变化每秒超过 24 帧（frame）画面以上时，根据视觉暂留原理，人眼无法辨别单幅的静态画面，看上去是平滑连续的视觉效果，这样连续的画面叫作视频。

案例将运用 CS 软件的录制 PPT、编辑字幕、导出字幕、导入字幕等功能，完成音频、画面、字幕的同步。

· 技术实现思路

制作讲解视频基本知识的 PPT 演示文稿；运用 CS 软件录制 PPT、讲解音频；运用 CS 软件进行字幕编辑并将字幕导出为字幕文件，然后使用 SrtEdi 软件进行字幕文件的进一步编辑，编辑完成后将字幕再导入 CS 软件中，发布视频时显示字幕，最终生成视频。

制作完成的视频参见 ..\9.4.3\ 视频的基本知识 .mp4。

【案例实施】

· 知识点内容脚本

视频是人类通过视觉、听觉获取信息的载体，视频的基本知识包括视频的基本原理、分类、构成要素、常用格式以及特点。

1. 视频的定义

（1）视频

泛指将一系列静态影像以电信号的方式加以捕捉、记录、处理、储存、传送与重现的各种技术。

（2）模拟视频和数字视频

模拟视频是一种用于传输图像和声音且随时间连续变化的电信号。早期视频的获取、存储和传输都是采用模拟方式。人们在电视上所见到的视频图像就是以模拟电信号的形式记录下来的，并用模拟调幅的手段在空间传播，再由磁带录像机将其模拟电信号记录在磁带上。

数字视频就是以数字形式记录的视频，和模拟视频是相对的。数字视频有不同的产生方式、存储方式和播出方式。比如通过数字摄像机直接产生数字视频信号，存储在数字磁带或者磁盘上，从而得到不同格式的数字视频。然后通过 PC 或特定的播放器等播放出来。

（3）模拟视频与数字视频的转换

为了存储视觉信息，模拟视频信号的山峰和山谷必须通过模拟 / 数字（A/D）转换器来转变为数字的 "0" 或 "1"。这个转变过程就是我们所说的视频捕捉（或采集过程）。如果要在电视机上观看数字视频，则需要一个从数字到模拟的转换器将二进制信息解码成模拟信号，才能进行播放。

2. 视频的基本原理

（1）视觉暂留现象

物体在快速运动时，当人眼所看到的影像消失后，人眼仍能继续保留其影像 0.1 ～ 0.4 秒的图像，这种现象被称为视觉暂留现象。

（2）眼睛的视觉暂留

人眼观看物体时，成像于视网膜上，并由视神经输入人脑，感觉到物体的像。但当物体移去时，视神经对物体的印象不会立即消失，而要延续 0.1 ～ 0.4 秒的时间，人眼的这种性质被称为"眼睛的视觉暂留"。

（3）视频的原理

电影片是由一幅一幅画面组成的，每幅画面内容的相对位置都有些变动，由于人眼的视觉暂留，当这些画面以每秒 24 幅的速度快速地连续出现时，就得到了连续的活动景象的感觉。视频的理论依据就是视觉暂留。

3. 视频的基本要素

帧：就是影像动画中最小单位的单幅影像画面，相当于电影胶片上的每一格镜头。一帧即为一幅静止的画面。连续的帧就形成动画，如电视图像等。

播放速率：一般指单位时间内播放静止画面的幅数，如 24 帧 / 秒，也是通常说的帧数，就是 1 秒内传输静止画面的数量，通常用 fps（frames per second）表示。每一帧都是静止的画面，快速、连续地显示帧便形成了运动的假象。播放速率越高，画面越流畅，动画更逼真。

图像尺寸：简单说就是图像的大小。图像尺寸的长度与宽度是以像素为单位的，有的是以厘米为单位。像素与分辨率是图像最基本的单位，每个像素就是一个小点，不同颜色的点（像素）聚集起来就变成一幅图像。单位面积像素点越多，图像分辨率就越高，图像就越清晰。

4. 视频文件格式与特点

常用视频文件的格式与特点如表 9.1 所示。

表 9.1　常用视频文件的格式与特点

文件格式	特点
AVI	是一种电影文件格式。优点是图像质量好，可跨多个平台使用；缺点是占存储空间大，压缩标准不统一
MOV	是一种电影文件格式。占存储空间大
WMV	可在网上实时观看的一种格式。优点是本地或网络回放，文件小，传输快，质量好
RM	是一种流式视频媒体格式。文件小，网上实时观看
FLV	是一种流媒体视频格式，文件极小，加载速度极快

• CS 案例实现

1. CS 录制 PPT

步骤 1　运用 CS 软件录制（..\9.4.3\ 视频的基本知识 .ppt）演示文稿，生成视频（..\9.4.3\ 视频的基本知识 .trec）的操作步骤，参见案例 2.5.3 的操作步骤。

2. CS 导出导入字幕

步骤 2　将已经加载到剪辑箱中的文件添加到时间轴的轨道 1 上。

步骤 3　将播放头置于需要添加字幕的位置，在编辑器中单击【字幕】选项，打开字幕窗口。

步骤 4　单击该窗口中的【添加字幕媒体】按钮，在字幕文本框中输入字幕文本，字幕文本内容为"视频的基本知识 .avi"视频中讲解声音的内容,此时字幕文本内容在画布上可以预览。

步骤 5　完成字幕 1 的添加,单击播放按钮进行预览,调节时间轴上字幕 1 的开始时间与持续时间。

重复操作步骤 4～步骤 5,完成第 2 个至第 5 个字幕的添加。

步骤 6　选择字幕所在的轨道 3,单击【导出字幕】按钮,在【导出标题文件】窗口中,设置文件保存（..\9.4.3\ 1.srt）。

步骤 7　将"1.srt"文件导入到 SrtEdi 软件中,进行剩余字幕的编辑。

步骤 8　使用 SrtEdi 软件完成所有字幕的编辑后,保存（..\9.4.3\ 2.srt）。

步骤 9　在 CS 软件中,将轨道 3 的字幕全部删除后,单击【字幕】选项,打开字幕窗口,单击【导入字幕】按钮,在【导入字幕文件】对话框中,选择（..\9.4.3\ 2.srt）文件,将编辑好的字幕导入到 CS 中。

步骤 10　单击 CS 软件的【文件】>【生成和分享】菜单,根据提示进行下一步操作,当进入生成向导的【智能播放器选项】窗口时,在窗口中选择【选项】选项卡,勾选【标题】并设置【标题类型】为【显示字幕】。

步骤 11　根据提示继续单击【下一步】按钮,最终完成视频的渲染。

第 10 章

标记

CS 软件提供的标记功能，可便于用户选取片段视频，也可为自己生成的视频创建一个播放目录。本章将介绍标记的有关知识，其中包括标记视图的显示 / 隐藏、标记的删除、标记的添加以及如何在视频中显示已经添加的标记等。

10.1　标记概述

10.1.1　标记的作用

运用 CS 软件进行视频编辑时，经常会用到标记。标记的作用主要有 3 个方面。

1. 创建视频导航

为使编辑出的视频便于用户随机观看，也就是说，用户可以随机观看某一片段视频。为达到此目的，CS 软件提供了在编辑视频时能够创建片段视频导航目录的功能，该功能就是通过在片段视频前添加标记并给标记命名来实现的。

为不同片段的视频添加标记后，生成视频时并做相关的设置，就会在生成的视频中形成视频导航目录。

2. 选取片段媒体

用户若对某一段媒体进行编辑时，需要精确选定这一段媒体。运用添加标记的方法同样能够完成片段媒体的精确选择。在时间轴的标尺上对片段媒体的起始位置、终止位置分别添加标记，当用鼠标拖动播放头的【选择开始】或【选择结束】滑块时，鼠标接近标记会自动吸附上去，从而完成两标记间媒体的选择。

3. 分割视频

用户如果需要将一段特别长的视频媒体，快速分为若干个媒体片段，运用添加标记的方法设置分割点，然后一次性快速将视频截为多个视频。

10.1.2　标记的显示与隐藏

1. 标记的显示

CS 软件主界面中，默认情况下标记视图是关闭状态。打开标记视图的方法有两种：一是使用 Ctrl+M 快捷键（组合键），按下此快捷键，标记视图打开，再次按下此快捷键，标记视图关闭；二是单击时间轴左上角的【显示或隐藏视图】按钮，在打开的菜单中选择【显示标记视图】或【隐藏标记视图】，如图 10.1 所示。

图 10.1　显示或隐藏视图按钮

2. 标记的隐藏

完成标记添加后，即可隐藏标记视图。隐藏标记视图的方法有 3 种：一是使用 Ctrl+M 组合键隐藏标记视图；二是单击时间轴左上角的【显示或隐藏视图】按钮，在打开的菜单中选择【隐藏标记视图】；三是在标记轨道上单击鼠标右键并在弹出的快捷菜单中选择【隐藏标记视图】命令，如图 10.2 所示。

图 10.2　隐藏标记视图设置

10.1.3　标记类型

标记分为时间轴标记和媒体标记。时间轴标记是指在时间轴标尺上创建的标记，此种标记主要方便于对时间轴上所有轨道进行操作。媒体标记是指在时间轴上的某一轨道上创建的标记，此种标记方便对某一个轨道进行操作。也就是全部轨道与个别轨道的关系。

10.2 标记的操作

10.2.1　添加标记

CS 软件提供了非常便捷的添加标记的方法，用户在视频录制、视频编辑过程中均可以添加标记。

1. 视频录制中添加标记

CS 录制视频主要包括录制屏幕和录制 PowerPoint。录制屏幕时，用户根据需要来添加标记，标记添加后还可在编辑视频时进行修改；录制 PowerPoint 时，用户可在每张幻灯片间添加标记，也可根据需要来添加标记，添加的标记同样可在视频编辑中修改。

使用 CS 的录像机录制视频时，如果【录制工具栏】窗口处于打开状态，此时可以按 Ctrl+M 组合键或单击【添加标记】按钮，即可在视频的该时间点处设置标记。查看标记需要在 CS 视频编辑窗口的时间轴上查看。

此种方法添加的标记是媒体标记，也就是说在编辑该媒体时，该媒体所在轨道上边界处会出现一个蓝色菱形标记。

2. 编辑视频中添加标记

（1）隐藏标记视图下添加标记

编辑视频时，CS 软件默认情况下标记视图是关闭状态。标记视图关闭状态下，添加标记的方法有两种。

1）视频处于播放状态时，按键盘上的 M 键，就会在播放头所在位置添加一个标记，同时标记视图自动打开，用同样的按下 M 键的方法，继续添加标记，如图 10.3 所示。

图 10.3　隐藏标记视图下添加标记

2）单击 CS 菜单栏中的【编辑】>【标记】>【添加时间轴标记】菜单，此时播放头所在位置就会添加一个标记。

（2）显示标记视图下添加标记

① 添加时间轴标记

显示标记视图状态下，将鼠标悬浮于标记轨道与时间轴标尺交界处，左右移动鼠标，此时会出现一个绿色菱形标记指标，在需要添加标记的地方，单击鼠标即可创建标记。此时创建的是时间轴标记，其在标记轨道上显示为绿色，如图 10.4 所示。

② 添加媒体标记

显示标记视图状态下，将鼠标悬浮于某一轨道上边界处，左右移动鼠标，此时会出现一个蓝色菱形标记指标，在需要添加标记的地方，单击鼠标即可创建标记。此时创建的是媒体标记，其在该轨道上边界显示为蓝色，如图 10.5 所示。

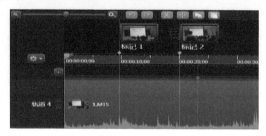

图 10.4　时间轴标记

图 10.5　媒体标记

10.2.2　标记的选择

标记的操作同样遵循先选定后操作的规则，选择一个标记、多个连续的标记、多个不连续的标记等操作，与 Windows 操作系统资源管理器中文件的选择同理，在此不多陈述。

10.2.3　标记的移动

移动标记需要在标记视图打开的状态下进行。无论是时间轴标记还是媒体标记，其移动方法是相同的，将鼠标移动到时间标记或媒体标记上，按下鼠标左键左右拖动，标记就会改变位置。

10.2.4　标记的删除

对于没有用的标记可以删除，包括时间轴标记和媒体标记。

1. 删除一个标记

删除一个标记需要在标记视图打开状态下操作，方法是选中要删除的标记，单击鼠标右键，在弹出的快捷菜单中选择【删除】命令或直接按键盘上的 Delete 键。

2. 删除所有标记

在标记视图关闭状态下删除所有标记，单击 CS 菜单栏中的【编辑】>【标记】>【删除所有标记】命令；在标记视图打开状态下删除所有标记，在某标记上单击鼠标右键，在弹出的快捷菜单中选择【删除所有标记】命令。

10.2.5　标记的重命名

给标记命名，不仅可以让用户通过标记名称初步知道此片段的内容，方便片段媒体的选择，还可以在生成视频中起到视频导航目录的作用。

添加的标记（包括时间轴标记和媒体标记）的名称将会成为生成的视频导航目录的名称，因此准确给标记命名，对于观看用户随机看不同片段视频有着重要意义。标记命名的方法是，选择某一个标记并在其上单击鼠标右键，在打开的快捷菜单中选择【重命名】命令，此时标记名称文本框中的光标插入点闪动，用户输入新的标记名称即可。

10.2.6　运用标记选择片段媒体

运用标记能够快速、准确地选择片段媒体，在某一个标记上双击鼠标左键，播放头会自动移到此标记处，用鼠标拖动播放头的【选择结束】滑块向下一个标记移动，当靠近下一标记时，此滑块会自动吸附上去，完成一个片段媒体的选择。

10.2.7　运用标记分割媒体

加载到轨道上的媒体，运用标记可以快速将其分割为若干片段媒体。首先，在时间轴上添加标记，其次执行 CS 菜单栏上的【编辑】>【标记】>【在所有标记分割】命令，就会将所有轨道上的媒体在有标记的位置分割，如图 10.6 所示。

图 10.6　运用标记分割媒体

10.3　视频导航目录

运用 CS 编辑完毕的视频，已经添加了标记并进行了准确命名。如何运用标记在生成的视频中产生视频导航目录呢？下面来说明实现的方法。

单击 CS 软件菜单栏中的【文件】>【生成和分享】菜单，弹出【生成向导】窗口，如图 10.7 所示。

在【生成向导】窗口中选择【自定义生成设置】项，单击【下一步】按钮进入下一个窗口，选择生成视频的文件格式，例如选择默认的 MP4 格式（见图 10.8）。

图 10.7　生成向导窗口

图 10.8　生成视频文件格式选择

继续单击【下一步】按钮进入生成向导的【智能播放器选项】界面（见图10.9），在此界面中选择【选项】选项卡，勾选【目录】项。

继续单击【下一步】按钮进入生成向导的【标记选项】界面（见图10.10），此窗口中包括目录、显示选项两部分内容的设置。

图 10.9　生成向导的智能播放器选项界面

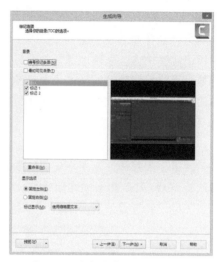

图 10.10　生成向导的标记选项界面

目录部分包括编号标记条目、最初可见目录两个复选框，用户可根据需要进行勾选；目录部分还包括一个列表框，其中列出了编辑视频时添加的标记的名称，用户选择其中之一，右侧预览窗口即显示该标记点的视频，单击【重命名】按钮改变该标记的名称。

显示选项包括固定左侧、固定右侧、标记显示3部分。固定左侧或固定右侧的选择决定生成视频导航目录在视频中的位置。

标记显示有3种选择，包括使用缩略图文本、仅文本、仅缩略图，用户可根据需要通过其右侧的下拉列表框进行选择。

继续单击【下一步】按钮，最终完成视频的渲染。视频渲染完毕会生成一个文件夹，此文件夹中包含 *.mp4 文件、*.xml 文件、*.html 文件，运用浏览器打开 *.html 文件，在浏览器中就可以看到生成的视频中有视频导航目录（单击视频播放器窗口右下角的【table of contents】按钮，在显示与隐藏导航目录之间切换）。单击某一个目录，就会切换到该位置播放视频。

10.4　案例

10.4.1　微视频案例——《音频过渡效果》

【案例描述】

· 知识点内容简述

Adobe Audition CS6 是一款专业的音频处理软件。运用该软件制作音频的淡入、淡出效果，也可以制作两个片段音频间的过渡效果，是学习者学习该软件必然掌握的内容。

案例将运用 CS 软件的标记功能，在编辑视频过程中使用标记，制作出视频导航目录，学习者运用导航目录能够快速、准确地选择某一段视频观看。

· 技术实现思路

写出运用 Audition 软件制作音频过渡效果的操作步骤脚本；然后运用 CS 软件的录制屏幕功

能，对使用 Audition 软件制作音频过渡效果的操作全过程进行录制，编辑视频过程中对重点操作步骤添加标记，制作导航目录，最后生成可在浏览器中观看的视频，分享给用户。

制作完成的视频参见 ..\10.4.1\ 音频过渡效果 .mp4。

【案例实施】

- 知识点内容脚本

音频过渡效果最常用的是片段音频进入时的淡入或片段音频退出时的淡出，其基本原理是音频音量的从小逐渐增大或从大逐渐减小。

以两段音频间的淡出与淡入制作过渡效果为例，Audition 软件中的操作步骤如下。

步骤 1 打开 Audition 软件，单击【文件】>【打开】菜单。

步骤 2 按住键盘上的 Ctrl 键，同时选中（..\10.4.1\1.mp3）、（..\10.4.1\2.mp3）两个音频文件，单击【打开】按钮，两个音频文件显示在【文件面板】中。

步骤 3 单击工具栏中的【多轨合成】按钮，创建多轨合成项目，保存为（..\10.4.1\ 音频过渡效果 .sesx）文件。

步骤 4 在【文件面板】中，右键单击窗口中的 1.mp3，在快捷菜单中选择【插入到多轨合成】>【音频过渡效果】命令，将音频插入到步骤 3 创建的多轨合成项目的轨道 1 中。

步骤 5 重复步骤 4，将 2.mp3 插入到多轨合成项目的轨道 2 中。

步骤 6 单击选中 2.mp3，拖动鼠标将 2.mp3 移动到轨道 1 中的 1.mp3 之后。

步骤 7 在音轨 1 中单击第一段音频，即选择该音频，单击【视图】菜单，在打开的子菜单中勾选【显示素材音量包络】项，此时音频中将出现一条黄线，代表音量。在第一段音频结束前的黄色线条上移动鼠标，选择开始淡出的点，单击鼠标左键，添加一个包络点。将鼠标移至音频结束的位置，单击鼠标左键，添加一个包络点。按下鼠标左键，垂直向下拖动音频结束位置的包络点，调小音量，这样从上一包络点至结束包络点间，音频音量呈现出淡出效果。

步骤 8 在音轨 1 单击第二段音频，即选择该音频，在第二段音频开始的位置，使用鼠标单击在黄色线条创建一个包络点，在黄色线条上移动鼠标，选择淡入的结束点，单击鼠标左键，添加一个包络点。将鼠标移至开始的包络点上，按下鼠标左键垂直向下拖动，调小音量，这样从开始包络点至结束包络点间，音频音量呈现出淡入效果。

步骤 9 单击【编辑器】的【播放】按钮，播放音频进行试听，如需改动淡入或淡出的时间长度，仍可继续对包络点进行调节。

步骤 10 编辑完成后单击【文件】>【导出】>【混缩音频】菜单，保存音频文件。

- CS 案例实现

1. CS 录制屏幕

运用 CS 软件录制使用 Audition 制作音频淡出淡入效果操作全过程的视频的步骤如下。

步骤 1 启动 CS 软件，单击工具栏中的【录制屏幕】按钮，打开 CS 软件的录像机。

步骤 2 设置录像机的【选择区域】为【全屏幕】，设置【录制输入】中【音频开】的状态并调整音量，单击红色【rec】录制按钮，开始录制。

当开始录制后，即按前述的脚本内容进行音频淡出淡入效果的操作。

步骤 3 全部操作录制完成，单击录像机工具栏中的【停止】按钮或按 F10 键结束录制，在弹出的预览窗口中选择【保存并编辑】选项，打开【保存文件】对话框。

步骤 4 在【保存文件】对话框中，设置保存文件名，单击【保存】按钮，默认情况下 CS 会保存为 *.trec 文件于磁盘上，同时视频加载到 CS 剪辑箱中，供用户进一步编辑。

2. CS 编辑视频时添加标记

步骤 5 在 CS 软件中,将加载到 CS 剪辑箱中的视频文件按住鼠标拖动到时间轴的轨道 1 上。

步骤 6 播放视频并在播放头移动到需要添加标记的时候,按键盘上的 M 键,此时在播放头所在位置添加一个标记,用同样的方法共添加 10 个标记。

本案例添加标记的位置、名称分别是:

前述脚本步骤 1 前,添加名为"打开 Audition 软件";

前述脚本步骤 2 前,添加名为"Audition 软件插入音频";

前述脚本步骤 3 前,添加名为"Audition 软件模式切换";

前述脚本步骤 4 前,添加名为"插入音频 1";

前述脚本步骤 5 前,添加名为"插入音频 2";

前述脚本步骤 6 前,添加名为"更换音频 2 轨道";

前述脚本步骤 7 前,添加名为"音频淡出";

前述脚本步骤 8 前,添加名为"音频淡入";

前述脚本步骤 9 前,添加名为"试听";

前述脚本步骤 10 前,添加名为"保存"。

步骤 7 单击 CS 软件的【文件】>【生成和分享】菜单,根据提示进行下一步操作,当进入生成向导的【智能播放器选项】界面时,在界面中选择【选项】选项卡,勾选【目录】项并单击【下一步】按钮进入生成向导的【标记选项】界面。

步骤 8 在【标记选项】界面中,勾选【编号标记条目】项,在【显示选项】中选择【固定左侧】单选项,在【标记显示】中选择【仅文本】。

步骤 9 继续单击【下一步】按钮,最终完成视频的渲染。在浏览器中就可以看到生成的视频中有视频导航目录。单击某一个目录,就会切换到那个位置播放视频。

10.4.2 微视频案例—— 《音频混音》

【案例描述】

· *知识点内容简述*

Adobe Audition CS6 是一款专业的音频处理软件。运用该软件对音频进行混音处理,是学习者学习该软件必然掌握的内容。把运用该软件对音频进行混音处理的操作步骤录制成视频,在录制视频的过程中添加标记,编辑视频时进一步编辑标记,给视频制作导航目录,用户观看视频时能够快速、准确地选择所想观看的片段视频。

案例将运用 CS 软件的录制屏幕、录制添加标记、编辑标记等功能,为最终视频制作视频导航目录。

· *技术实现思路*

写出运用 Audition 软件对音频进行混音处理的操作步骤脚本,然后运用 CS 软件的录制屏幕功能,对使用 Audition 软件处理音频混音的操作全过程进行录制,录制过程中同时为视频添加标记,录制完成再次进行标记的编辑,最后生成可在浏览器中观看的 *.mp4 文件,供用户在浏览器中观看。

制作完成的视频参见 ..\10.4.2\ 音频混音 .mp4。

【案例实施】

· *知识点内容脚本*

运用 Audition 软件制作音频混音,需要两段以上音频资源,以两段音频资源混音为例,

Audition 软件制作音频混音的操作步骤如下。

步骤 1　启动 Audition 软件，单击【文件】>【打开】菜单，从【打开文件】对话框中选择（..\10.4.2\ 1.mp3）和（..\10.4.2\ 2.mp3）两个音频文件，单击【打开】按钮，将文件添加到软件左侧的文件面板中。

步骤 2　单击工具栏中的【多轨合成】按钮，打开【新建多轨项目】对话框，在【项目名称】中输入混音名称"配乐诗朗诵"，单击【浏览】按钮，选择混音的存储位置（..\10.4.2\ 配乐诗朗诵），单击【确定】按钮即创建一个新的多轨混音项目。

步骤 3　在文件面板中的音频 1 上单击鼠标右键，在快捷菜单中选择【插入到多轨合成】>【配乐诗朗诵】菜单，将音频 1 加载到音轨 1 上。用同样的方法将音频 2 加载到音轨 2 上。

步骤 4　上下拖动音轨上的黄色线条，调整音轨 1 和音轨 2 中音频的音量，使音频 1（朗诵音频）的音量适度，音频 2（背景音频）的音量较小。

步骤 5　编辑完成后单击【编辑器】面板下方的【播放】按钮，试听音频。

步骤 6　单击【文件】>【导出】>【多轨缩混】>【整个项目】菜单，单击【确定】按钮导出音频即可。

- CS 案例实现

1. CS 录制屏幕

运用 CS 软件录制使用 Audition 制作音频混音操作全过程的视频的步骤如下。

步骤 1　启动 CS 软件，单击工具栏中的【录制屏幕】按钮，打开 CS 软件的录像机。

步骤 2　设置录像机的【选择区域】为【全屏幕】，设置【录制输入】中【音频开】的状态并调整音量。

步骤 3　执行【工具】>【录制工具栏】命令，打开【录制工具栏】窗口，勾选【效果】工具栏，单击【OK】按钮，实现添加标记的功能。

步骤 4　单击红色【rec】录制按钮，开始录制。

当开始录制后，即按上述的脚本内容进行音频混音制作的操作。

步骤 5　录制视频的过程中，在每一个操作步骤前添加标记，此时可按下 Ctrl+M 组合键或单击【增加标记】按钮，即可在视频的该时间点处添加一个标记。

步骤 6　操作录制完成，单击录像机工具栏中的【停止】按钮或按 F10 键结束录制，在弹出的预览窗口中选择【保存并编辑】选项，打开【保存文件】对话框。

步骤 7　在【保存文件】对话框中，设置保存文件名，单击【保存】按钮，默认情况下 CS 会保存为 *.trec 文件于磁盘上，同时视频加载到 CS 剪辑箱中，供用户进一步编辑。

2. CS 编辑标记

步骤 8　在 CS 软件中，将 CS 剪辑箱中的视频文件，按住鼠标左键拖动到时间轴的轨道 1 上。

步骤 9　单击时间轴左上角的【显示或隐藏视图】按钮，在打开的菜单中勾选【显示标记视图】项，此时媒体所在轨道上边界处会出现多个蓝色菱形标记，此标记称为"媒体标记"。

步骤 10　选择前述脚本步骤 1 即第一个标记，并在其上单击鼠标右键，在打开的快捷菜单中选择【重命名】命令，此时标记名称文本框中的光标插入点闪动，输入"导入音频文件"。

前述脚本步骤 2 即第 2 个标记，输入"创建多轨项目"。

前述脚本步骤 3 即第 3 个标记，输入"插入到多轨合成"。

前述脚本步骤 4 即第 4 个标记，输入"调整背景音频音量"。

前述脚本步骤 5 即第 5 个标记，输入"试听音频"。

前述脚本步骤 6 即第 6 个标记，输入"保存音频"。

步骤 11　单击 CS 软件的【文件】>【生成和分享】菜单，根据提示进行下一步操作，当进入生成向导的【智能播放器选项】界面时，在界面中选择【选项】选项卡，勾选【目录】项并单击【下一步】按钮进入生成向导的【标记选项】界面。

步骤 12　在【标记选项】界面中，勾选【编号标记条目】项，在【显示选项】中选择【固定左侧】单选项，在【标记显示】中选择【仅文本】。

步骤 13　继续单击【下一步】按钮，最终完成视频的渲染。在浏览器中就可以看到生成的视频中有视频导航目录。单击某一个目录，就会切换到那个位置播放视频。

第 11 章

标注

标注是指在媒体中添加的具有注释、指向、特效或强调重点内容的文字或图形，其主要作用是吸引观看者的注意力，或者是对某些内容进行进一步解释。另外，综合运用标注、标记以及超级链接等，还可以实现视频的简单交互。

11.1 标注窗口

在 CS 软件主界面中，单击【标注】选项，打开标注窗口。

标注窗口包括添加标注、删除标注、形状、文本、属性等内容。

单击【添加标注】按钮，在播放头位置会添加一个新的标注。默认情况下是添加一个向右的蓝色箭头，随后在窗口中的文本、属性等内容的设置才出现，此时可对标注进行具体设置。

单击【删除标注】按钮，会删除当前选定的标注。

单击【形状】列表框右侧的按钮，可以查看标注的各种形状，从其中选择所需要的标注。通过【形状】列表框下侧的边框、填充、效果，可以进一步设置标注的相关属性。

文本编辑包括为标注添加文本及设置文本的字体、字号、对齐、颜色等。

属性编辑内容包括设置标注的淡入淡出效果、设为热点、不透明文本以及文本框等，如图 11.1 所示。

图 11.1　标注窗口

11.2 标注类型

CS 软件提供了类型丰富的标注，用户可以从中选择使用。标注主要分 4 大类，分别是静态标注、形状标注、动态标注、特效标注。标注类型的选择通过标注窗口中的形状区域完成。另外，以上4 类标注与热点结合运用，还可以制作热点标注。

11.2.1 静态标注

静态标注主要起注释、提示作用，包括图形和文本两部分。对于图形，可以设置其边框、填充、效果等，对于文本，可以设置其字体、字号、对齐、颜色等。

在标注窗口中，单击【形状】列表框右侧的 按钮，打开全部标注类型，其中【Shapes with Text】选项中全部为静态标注，如图 11.2 所示。

从中选择所需要的标注，在该标注上单击鼠标，此标注就会自动添加到轨道上。随后进一步对标注添加文本、设置相关属性即可。

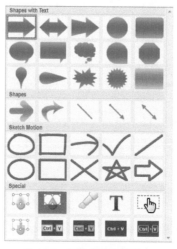

图 11.2　标注类型选择窗口

11.2.2　形状标注

形状标注主要起指示作用，只是一个图形，不包含文本。对于形状标注，可以设置其边框、填充、效果等。

如图 11.2 所示，其中【Shapes】选项中全部为形状标注，如箭头、双向箭头、直线等。

11.2.3　动态标注

动态标注主要起到动态的提示、指示作用，吸引观众的注意力，以达到对重点内容的强调效果。

如图 11.2 所示，其中【Sketch motion】选项中全部为动态标注，包括素描运动椭圆、运动椭圆、素描运动矩形、运动矩形、素描运动箭头、素描运动叉、素描运动标志、素描运动五角星、运动直线、示意图等。

11.2.4　特效标注

特效标注主要对视频部分区域进行特殊效果的处理，其中的热点标注与标记、超级链接配合使用，能够制作简单的交互视频。如图 11.2 所示，其中【Special】选项中全部为特效标注。特效标注，主要包括模糊标注、聚光灯标注、荧光标注、文本标注、热点标注、像素化标注、按键标注等。

编辑视频时往往有些是属于机密、敏感内容或个人隐私的信息，如电子邮件地址、登录信息、电话号码、信用卡号码等，在生成视频中，这些信息就不需要清晰地出现。运用模糊标注、像素化标注就可以实现部分信息的模糊或像素化效果。

编辑视频时如果需要对媒体的某个区域进行突出显示，以引起观众的注意，可以运用突显标注，使该区域突出显示而其他区域变暗，也可以通过荧光标注突显该区域，其他区域不变。

编辑视频时，可以在其中设置快捷键及热点，实现按快捷键完成交互视频的跳转。

11.2.5　热点标注

前面叙述的静态标注、形状标注、动态标注、特效标注 4 类标注，同样可为其设置热点，实现视频的交互或网站链接。另外，特效标注当中有一个专门的热点标注，也可以实现视频的交互或网站的链接。把以上两类能够实现热点的标注统称为热点标注。

11.3 标注设置

标注的设置主要指边框、填充、效果、文本、属性等的设置。

11.3.1 边框

标注边框的设置主要包括边框线条宽度与颜色。

在标注窗口中，单击【边框】右侧的下拉列表按钮，打开【调色板】窗口，如图 11.3 所示。在【调色板】窗口中通过【选择颜色】、【更多边框颜色】来设置边框的颜色，通过宽度选择边框线条的粗细。

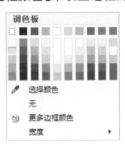

图 11.3 边框设置

11.3.2 填充

标注的填充主要指对标注背景颜色的设置。

在标注窗口中，单击【填充】右侧的下拉列表按钮，打开【调色板】窗口，如图 11.4 所示。在【调色板】窗口中通过【选择颜色】、【更多填充颜色】来设置标注的背景颜色。

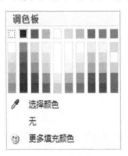

图 11.4 填充颜色

11.3.3 效果

标注效果主要指对标注进行一些特殊效果的设置，包括阴影、样式、翻转、头帽、端帽。

对于静态标注、形状标注、动态标注、特效标注 4 类标注，运用效果时是有区别的，不是每类标注都可以应用上述 5 种效果，如静态标注只可以应用阴影、样式、翻转 3 种效果；形状标注中的双向箭头、直线才能应用头帽、端帽；特效标注大部分都不可应用效果等。

样式包括发光、平滑、清晰、3D 边缘。

翻转效果包括水平翻转和垂直翻转。

头帽或端帽用来设置形状标注中的双向箭头、直线是否有头帽或端帽，头帽或端帽分为箭头和点两种类型。

在标注窗口中，单击【效果】右侧的下拉列表按钮，打开【效果】菜单，选择所需的效果，如图 11.5 所示。

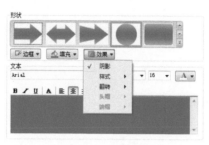

图 11.5　效果设置

11.3.4　文本

添加标注时往往需要添加文本进行说明。CS 标注中的文本设置主要包括文本内容输入、字符格式两部分。

文本的输入与格式设置在标注窗口中完成，如图 11.6 所示。

图 11.6 中的下部分背景区域为文本输入区域，该区域的背景颜色通过标注窗口中的【填充】功能改变；当该区域获得光标插入点后，即可输入文本。

图 11.6　文本的输入与设置

字符格式设置包括字体、字号、颜色、粗体、斜体、下划线、文字阴影等，字符的对齐包括左对齐、中心、右对齐、顶端对齐、将垂直中心对齐、底端对齐等。

11.3.5　属性

标注属性的设置是通过标注窗口中的属性部分完成的，主要包括淡入与淡出、设为热点、文本框和不透明文本，如图 11.7 所示。

1. 淡入与淡出

使用标注时可以为标注添加淡入效果、淡出效果，设置标注的持续时间。

为标注添加淡入与淡出效果。选择某一轨道上的某一个标注，在标注窗口中的属性部分中，用鼠标拖动【淡入】或【淡出】右侧的水平滑块，调整淡入或淡出的时间（秒），此时轨道上的该标注就会在开始或结束位置生成淡入或淡出效果，如图 11.8 所示。

图 11.7　属性设置

图 11.8　淡入淡出效果

设置标注播放的持续时间。在轨道的某一标注上用鼠标拖动其开始或结束的位置，可改变其持续时间；也可在该标注上单击鼠标右键，在打开的快捷菜单中选择【持续时间】命令，在打开的窗口中调整标注的播放持续时间，如图 11.9 所示。

2. 设为热点

热点标注的主要功能是实现视频的交互或网站的链接，往往与标记、帧、URL 等配合使用。

设置标注热点，需要在标注窗口中属性部分完成，具体操作如下。

选择轨道上的某一个标注，在标注窗口属性部分勾选【设为热点】复选框，此时，【热点属性】按钮处于可编辑状态，单击该按钮，打开【热点属性】对话框，如图 11.10 所示。

图 11.9　播放持续时间设置

图 11.10　热点属性对话框

对话框中的"在结束标注暂停"与"点击继续"二者是配合使用的，也就是说，当勾选了【在结束标注暂停】后，【点击继续】单选按钮才可用。当视频播放时，观看视频的用户如果单击视频上的标注，视频就会暂停播放，再次单击就会播放；如果观看视频的用户不单击标注，当标注播放完，视频会暂停。

热点的跳转包括转到时间帧、转到标记、跳转到 URL。

转到时间帧就是当观看视频的用户单击视频中的该标注时，视频的播放点会跳转到设定的帧处播放。因此，制作视频者需要在编辑标注的热点时，在【热点属性】对话框中选择【转到时间帧】按钮并设置帧的具体时间。在【转到时间帧】按钮后面的文本框中，帧的时间格式为 0:00:00;00，分别代表时、分、秒、帧。

转到标记就是当观看视频的用户单击视频中的该标注时，视频的播放点会跳转到设定标记的帧处播放。因此，制作视频者需要在编辑标注前，在视频相应位置添加标记，然后选择轨道上的某一标注，在【热点属性】对话框中选择【转到标记】按钮并从其右侧下拉列表框中选择相应的标记。【转到标记】按钮后面的下拉列表框中包括标记的时间（格式为 0:00:00;00）和标记名称（标记 1）。

【跳转到 URL】就是当观看视频的用户单击视频中的该标注时，会打开相应的网站。制作视频者需要在编辑某一标注的热点时，在【热点属性】对话框的【跳转到 URL】按钮右侧文本框中输入网址。

3. 文本框

在标注窗口属性部分，单击【文本框】按钮，打开【标注文本框】对话框，设置文本框在标注上的位置，包括左、右、上、下等，如图 11.11 所示。

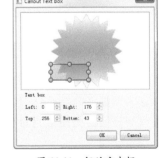

图 11.11　标注文本框

4. 不透明文本

在标注窗口属性部分，勾选【不透明文本】选项，标注文本框的文本即为不透明文本。

11.4　标注的基本操作

标注的基本操作主要包括标注的添加、删除、复制、粘贴、移动、调整大小、旋转等。

11.4.1　添加与删除标注

1. 添加标注

在 CS 软件主界面中，单击【标注】选项，打开标注窗口。

在时间轴某一轨道上，将播放头调整到需要加标注的位置；在标注窗口的形状区域中选择标注的形状；设置标注的边框、填充、效果、文本、属性等；单击标注窗口的【添加标注】按钮，完成标注的添加。

2. 删除标注

删除标注的方法有 3 种，一是选择轨道上的某一个标注，单击标注窗口中的【删除标注】按钮删除标注；二是选择轨道上的某一个标注并单击鼠标右键，在弹出的快捷菜单中选择【删除】命令；三是选择轨道上的某一个标注，直接按键盘上的 Delete 键。

11.4.2　画布上标注的操作

添加标注后，对于标注的一些操作可以在画布上运用鼠标与键盘配合进行，包括改变标注大小、移动、旋转、改变形状、叠放顺序等。

1. 改变标注大小

在画布上选择某一个标注后，该标注四周有 8 个空心句柄，将鼠标移动到其中任一个句柄上，该句柄变为白色，此时用鼠标拖动句柄可改变标注的大小（或是高度、宽度、对角线方向调整），如图 11.12 所示。

2. 移动与旋转

在画布上选择某一个标注后，该标注内部有两个空心句柄。一个是标注的中心句柄，将鼠标移动到其上变为白色实心句柄，该句柄用来改变标注在画布上的位置；另一个是标注中心句柄右侧的旋转句柄，将鼠标移动到其上变为绿色实心句柄，且鼠标变为旋转箭头，该句柄用来旋转标注，如图 11.13 所示。

图 11.12　改变标注的大小　　　　图 11.13　中心句柄与旋转句柄

3. 改变形状

对于静态标注中的箭头标注、圆角矩形标注等，还可以改变其形状。添加这样的标注后，标注内部除了有中心句柄、旋转句柄外，还有一个形状句柄位于形状的边缘。将鼠标移动至形状句柄上，句柄变为黄色，按下鼠标左键拖动，可改变箭头或圆角矩形的形状，如图 11.14 所示。

4. 叠放顺序

标注在画布上的前后叠放顺序，决定着视频中标注的相互遮挡关系，位于画布同一区域的标注，前面的会遮挡后面的，在轨道上体现为上面轨道的标注在前，下面轨道的标注在后。因此，调整标注的叠放顺序从两个角度进行。

（1）在画布上调整标注的叠放顺序。在画布上用鼠标单击选择某个标注，然后单击鼠标右键并在打开的快捷菜单中选择【移至顶部】、【上移一层】、【下移一层】、【移至底部】其中之一，调整该标注在几个标注中的叠放位置，如图 11.15 所示。

（2）在轨道上调整标注的叠放顺序。在轨道上用鼠标选择某一轨道上的某一个标注，按下鼠标左键将其拖动至另外的轨道上，即用鼠标在轨道间拖动标注来调整标注叠放的顺序。

图 11.14　形状句柄

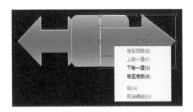

图 11.15　调整画布上标注的叠放顺序

11.4.3　时间轴上标注的操作

标注的部分操作需要在时间轴上完成，如剪切、复制、粘贴、删除、复制可视化属性、粘贴可视化属性、组、取消编组、添加资源到库、剪辑速度、持续时间等，如图 11.16 所示。

用 CS 软件编辑标注时，可在画布同一个区域的不同轨道放置多个标注，为便于对标注的操作，软件还提供了标注编组功能。选择轨道上的多个标注并单击鼠标右键打开快捷菜单，在菜单中选择【组】命令，于是选定的几个标注成为一个标注组；如果想取消标注组，就在标注组上单击鼠标右键并在打开的快捷菜单中选择【取消编组】命令。

至于复制可视化属性、粘贴可视化属性、添加资源到库、剪辑速度、持续时间等内容，在前面的相关章节已经做了介绍，这里不再重述。

图 11.16　时间轴上标注的操作

11.5　动态、 特效标注制作

前面已经介绍了动态标注、特效标注以及它们的基本功能。本节重点选取几个动态标注、特效标注，来说明它们的制作和使用方法。

11.5.1　素描运动矩形标注制作

动态标注添加到时间轴上后，将会有一个动态的效果，也就是在屏幕上会持续一段时间的动画。如果再给标注添加上放大效果，在播放到这部分内容时，标注在动态显示的同时，屏幕会将标注的内容放大，以达到突出重点的效果。下面以素描运动矩形标注的制作来说明动态标注的应用。

1.　添加素描运动矩形标注

单击【标注】选项，打开标注窗口。在时间轴的某一轨道上，将播放头调整到需要添加标注的位置；在标注窗口的形状区域选择动态标注类的【素描运动矩形】，单击【添加标注】按钮，完成标注的添加。

2.　标注的调整

动态标注往往是突出某些重点内容，添加到轨道上的标注需要与这些内容重合，这样就需要对动态标注的位置、大小等进行调整，读者依据实际需求并参照前述的内容进行调整。

3.　绘制时间、停留时间、淡出时间

动态标注添加到轨道上以后，用户需要进一步调整其绘制时间、停留时间与淡出时间，以实现最佳效果，如图 11.17 所示。

图 11.17　素描运动矩形标注

绘制时间是指素描运动矩形的绘制过程的时间，即需要多长时间绘制完成矩形标注。在标注窗口中，用鼠标拖动【绘制时间】右侧的水平滑块，向左表示绘制时间短，向右表示绘制时间长。绘制时间最小为 0 秒，就是没有绘制过程；最大为 5 秒，就是从矩形的绘制到完成需要 5 秒时间，是一个动态过程。

停留时间是指从素描运动矩形绘制完成到淡出开始的时间。当绘制时间、淡出时间固定后，用鼠标拖动标注的左、右边缘来改变标注的停留时间。

淡出时间是指标注渐渐消失所需要的时间。在标注窗口中，用鼠标拖动【淡出】右侧的水平滑块，向左、右分别表示淡出时间变小或变大。淡出时间最小为 0 秒，就是没有淡出效果；最大为 5 秒，就是矩形的渐渐消失需要 5 秒。

11.5.2　模糊标注

模糊标注的功能是使一些敏感或隐私的内容模糊显示，避免这些内容在生成的视频中清晰的显示。

在标注窗口形状区域的下拉列表框中选择【模糊标注】，单击【添加标注】按钮，这样就添加了一个模糊标注；预览窗口出现了一个模糊模块，在画布上用鼠标拖动模糊模块可改变其位置；用鼠标拖动模糊模块的边缘可改变其大小；在标注窗口属性部分，用鼠标拖动【淡入】、【淡出】、【强度】右侧的水平滑块，可分别调整标注的淡入时间长度、淡出时间长度和模糊标注的模糊强弱程度，如图 11.18 所示。

图 11.18　模糊标注

此外，模糊标注可以实现动态追踪，即对模糊标注添加与要遮挡信息一样的动画效果，实现二者的同步运动。如在某一轨道上添加一张图片；在【可视化属性】界面中单击【添加动画】按钮，给图片添加一个动画；将播放头置于图片动画的开始位置，缩小图片并将其置于画布左下角；用鼠标拖动动画的结束点，调整动画播放的时间长度；将播放头置于图片动画的结束位置，将图片置于画布右上角。这样，播放时图片就会从画布的左下角运动到右上角，实现图片的运动效果。用同样的方法对添加到轨道上的模糊标注设置同样的动画效果，就实现了模糊标注动态追踪需要模糊信息的效果。效果如图 11.19 所示。

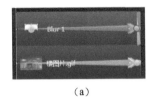 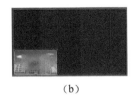 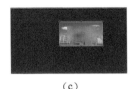

（a）   （b）   （c）

图 11.19   模糊标注动态追踪

11.5.3   聚光灯标注

聚光灯标注的功能是使一些内容突出显示，而聚光灯标注以外的区域则不显示。

在标注窗口形状区域的下拉列表框中选择【聚光灯标注】项，单击【添加标注】按钮，这样就添加了一个聚光灯标注；预览窗口出现了一个突显模块，在画布上用鼠标拖动突显模块可改变其位置；用鼠标拖动突显模块的边缘可改变其大小；在标注窗口属性区域，用鼠标拖动【淡入】、【淡出】、【强度】右侧的水平滑块，可分别调整标注的淡入时间长度、淡出时间长度和聚光灯标注的突显强弱程度。如果聚光灯标注的突显强度的值为 0，则表示突显标注区域与其他区域的显示强度相同，随着突显强度数值的增大，聚光灯标注区域显示的程度逐渐变亮，其他区域逐渐变暗，当强度达到 100% 时，聚光灯标注以外的区域则不显示，如图 11.20 所示。

聚光灯标注同样可以实现动态追踪。

（a）   （b）

图 11.20   突显标注效果

此外，像素化标注的制作类似于模糊标注，荧光标注的制作类似于聚光灯标注，在此不再重述。

11.5.4   文本标注

用 CS 为编辑的媒体添加字幕时，字幕的位置是固定的，当添加的字幕需要改变位置时，可以采用添加标注的方法来实现。编辑器中单击【标注】选项，打开标注窗口，单击【添加标注】按钮，在形状区域的下拉列表中选择【文本】标注，输入添加的文本，对于字体的颜色、大小等进行设置，还可以在画布上将添加的文本标注移动到需要的位置上，从而形成字幕的效果。

11.5.5　按键标注

运用 CS 编辑视频时，同样能够设置快捷键及热点，通过按快捷键来实现视频的交互跳转。

在标注窗口形状区域的下拉列表框中选择【按键标注】其中的一个，就会在当前轨道上添加一个按键标注；具体设置为按哪个键或什么键组合，需要用鼠标单击标注窗口文本区域的【输入按键或组合】下面的文本框，使该文本框获得光标插入点；然后用户按键盘上的单一键或组合键，在文本框中就会输入单一键或组合键。

选择轨道上的按键标注，在标注窗口形状区域的下拉列表框中选择其他几种按键标注，可以改变按键标注的外观，按键标注共有 4 种外观，如图 11.21 所示。

图 11.21　按键标注外观

按键标注同样可设置热点，实现视频的交互效果。

11.6　图像标注制作

图像标注是指在图像（BMP、GIF、PNG、JPG 等格式均可）上创建一个自定义的标注，如在图像上添加一个文本标注。

制作图像标注，从剪辑箱中把图像拖曳到某一轨道上，调整图像的播放时间、剪辑速度等；然后在轨道的图像上双击鼠标左键，此时标注窗口打开；在标注窗口文本区域的文本框中输入文本内容、设置文本格式；在标注窗口的属性区域单击【文本框】按钮，设置文本在图像中的位置，完成图像标注的制作。

图像标注与文本标注成为一体，但不是组。图像标注同样可以添加热点，实现视频的交互效果。

11.7　案例

11.7.1　微视频案例——《PPT 中文本的运用技巧》

【案例描述】

· 知识点内容简述

演示文稿中运用文本表达信息非常普遍。本知识点介绍了演示文稿中文本运用存在的问题、正确使用文本的方法。科学、合理使用文本是制作精美、适用演示文稿的基础。

案例将运用 CS 软件的录制 PPT、静态标注、可视化属性等功能，针对录制视频中的重点文本内容或图片添加静态标注、动画效果，起到强调和提示作用。

· 技术实现思路

制作讲解"PPT 中文本运用技巧"的演示文稿并撰写讲解脚本；运用 CS 软件的"录制PowerPoint"功能将演示文稿、讲解音频录制为视频；在编辑视频的过程中，添加静态标注、动画。

制作完成的视频参见 ..\11.7.1\PPT 中文本运用技巧 .mp4。

【案例实施】

· 知识点内容脚本

演示文稿中的文本是表达信息的重要方式之一，掌握文本运用存在的问题和正确使用方法，是 PPT 中科学、合理使用文本的基础。

1. PPT 中文本运用的主要问题

(1) 文本太满

(2) 文本太乱

(3) 前 / 背景颜色使用不当

2. PPT 中文本正确的运用方法

(1) 简化文本

① 用多张幻灯片

② 概括关键字

③ 运用动画

(2) 强化文本

① 为文本添加边框

② 合理运用前、背景色

③ 遵循内容逻辑、次序

(3) 美化文字

① 合理运用字体、颜色、大小等

② 文字填充效果

(4) 合理排版

· CS 案例实现

1. CS 录制 PPT

步骤 1　运用 CS 软件录制（..\11.7.1\ PPT 中文本运用技巧 .ppt）演示文稿，生成视频（..\11.7.1\ PPT 中文本运用技巧 .trec）的操作步骤，参见案例 2.5.3 的操作步骤。

2. 添加静态标注

运用 CS 软件给录制的视频添加静态标注，其操作步骤如下。

步骤 2　在 CS 软件中，从剪辑箱中将视频拖动到时间轴的轨道 1 上，在轨道的媒体上单击鼠标右键，在打开的快捷菜单中选择【独立视频和音频】命令，将视频与音频分离，音频在轨道 1，视频在轨道 2。

步骤 3　在编辑器中，单击【标注】选项，打开标注窗口，将播放头调整到（0:00:45;21）需要加静态标注的位置。

步骤 4　单击"静态标注"中的"Filled Rounded Rectangle"，此时在预览窗口中出现标注，设置标注的背景颜色为"无"，填充颜色为"绿色"，在画布上移动该静态标注至整个视频画面合适位置并调整其大小，在标注窗口的文本框中输入"① 5*5 规则"，设置此静态标注的字体为"宋体"、字号为"20"、对齐为"中心"、颜色为"红色"等，设置此静态标注的结束时间为（0:01:01;13）。

步骤 5　重复步骤 4 添加另一标注，文本框中输入"② 7*3 规则"，此静态标注播放开始时间为（0:00:52;17），结束时间为（0:01:01;13）。

步骤 6　在标注窗口的属性区域，用鼠标左键拖动【淡入】或【淡出】右侧的水平滑块，设置两个标注的淡入为 1s，淡出为 0s。

步骤 7　参照步骤 4 ～步骤 6，在（0:01:21;03）至（0:01:30;10）添加内容为"统一字符格式"的标注，在（0:01:22;23）至（0:01:30;10）添加内容为"统一段落格式"的标注。

步骤 8　参照步骤 4 ～步骤 6，在（0:02:34;18）至（0:02:42;11）和（0:02:36;04）至（0:02:42;11）添加两个类型为线的形状标注，在（0:02:37;17）至（0:02:42;11）和（0:02:39;04）至（0:02:42;11）添加两个类型为箭头的形状标注。

步骤 9　选择轨道 2（视频所在轨道），把其他轨道加锁，将播放头定位于（0:03:47;04）处，单击时间轴工具栏中的【分割】按钮，将播放头定位于（0:03:55;17）处，单击时间轴工具栏中的【分割】按钮，此时得到一段视频。

步骤 10　选择该片段视频，单击【缩放】选项，在缩放窗口中用鼠标调整视频画面，使视频的"财产损失保险"所在的画面变小（预览窗口则变大），实现画面的局部放大。

步骤 11　在轨道 2 的片段视频上，选择缩放动画，用鼠标拖动动画的开始句柄和结束句柄调整动画的播放开始时间和结束时间。

步骤 12　编辑完成后，单击【文件】>【生成和分享】菜单，选择【自定义生成设置】命令，根据提示进行下一步操作，最终完成视频的渲染。

11.7.2　微视频案例——《PPT 中图片的运用技巧》

【案例描述】

· 知识点内容简述

演示文稿中运用图片可生动、直观地表现大量信息。本知识点介绍了 PPT 中图像的应用要素、存在的问题、图片运用技巧等内容，是在 PPT 中合理、有效使用图片的基础。

案例将运用 CS 软件的录制 PPT、标注、可视化属性等功能，为录制的视频中需要重点突出的内容添加动态标注和动画。

· 技术实现思路

制作讲解"PPT 中图片的运用技巧"的演示文稿并撰写讲解脚本；运用 CS 软件的"录制 PowerPoint"功能将演示文稿、讲解音频录制为视频；在编辑视频的过程中，添加动态标注、动画。

制作完成的视频参见 ..\11.7.2\PPT 中图片运用技巧 .mp4。

【案例实施】

· 知识点内容脚本

教学中的图形、图像是视觉元素传递信息的重要载体，演示文稿中也较多地运用图片来表达信息。掌握图片在 PPT 中的应用要素、存在的问题以及运用技巧，是合理、有效使用图片的基础。

1. PPT 中应用图片的要素

（1）图像的大小

① 图片的显示尺寸

② 图片的存储大小

（2）图像的格式

（3）图像的风格

① 形式一致

② 色调一致

③ 内容一致

2. PPT 中应用图片存在的问题

（1）变形失真

（2）风格不一

（3）主题无关

（4）信息多余

3. PPT 中运用图片的技巧

（1）解决图像变形

（2）删除冗余信息

（3）半透明图像、背景透明效果

（4）图像添加边框

（5）黑白与彩色对比

（6）图片镜像

（7）图片倒影

- CS 案例实现

1. CS 录制 PPT

步骤 1　运用 CS 软件录制（..\11.7.2\ PPT 中图片运用技巧 .ppt）演示文稿，生成视频（..\11.7.2\ PPT 中图片运用技巧 .avi）的操作步骤，参见案例 2.5.3 的操作步骤。

2. 添加动态标注

运用 CS 软件给录制的视频添加动态标注，其操作步骤如下。

步骤 2　在 CS 软件中，用鼠标拖曳的方式把视频文件从剪辑箱中拖动到时间轴的轨道 1 上。

步骤 3　在编辑器中，单击【标注】选项，打开标注窗口，将播放头调整到（0:00:49:25）需要添加动态标注的位置（"图片的显示尺寸"出现后）。

步骤 4　在标注窗口中单击"素描运动矩形"动态标注，此时在预览窗口中出现动态标注，在画布上调整该动态标注的位置、大小，使其正好框住"图片的显示尺寸"几个字。

步骤 5　在标注窗口的形状区域，设置该动态标注的边框为"红色"、效果为"翻转—垂直"。

步骤 6　在标注窗口的属性区域，用鼠标左键拖动绘制时间右侧的滑块，设置绘制时间为 2s，用鼠标左键拖动淡出右侧的滑块，设置淡出时间为 0s。

重复上述步骤 3～步骤 6，完成"变形失真""风格不一""主题无关""信息多余"4 个需要突出强调内容的动态标注的添加。

步骤 7　编辑完成后，单击【文件】>【生成和分享】菜单，选择【自定义生成设置】命令，根据提示进行下一步操作，最终完成视频的渲染。

11.7.3　微视频案例——《Snagit 捕获视频》

【案例描述】

- 知识点内容简述

Snagit 是一款非常实用的屏幕捕获软件，它可捕获文本、图像、视频、网站等内容。本知识点介绍了 Snagit 的捕获模式、捕获方式以及捕获后文件的存储。

案例将运用 CS 软件的录制屏幕、模糊标注、聚光灯标注等功能，屏蔽捕获视频中的水印，突出强调视频中的重点内容。

- 技术实现思路

写出运用 Snagit 软件捕获网站中一段视频的操作脚本；运用 CS 软件录制屏幕功能，将 Snagit 软件捕获视频的操作步骤录制为视频；编辑录制的视频时，添加模糊标注，屏蔽捕获视频中的水印，添加聚光灯标注，强调视频中突出强调的内容。

制作完成的视频参见 ..\11.7.3\ Snagit 捕获视频 .mp4。

【案例实施】

- 知识点内容脚本

Snagit 软件是一款集捕获图像、文本、视频、网站于一身的屏幕捕获软件，这 4 类也称为该软件的捕获模式。该软件可以捕获自由区域、规则区域、窗口、滚动窗口等，也称为捕获方式。

使用该软件时先设置捕获模式，后设置捕获方式。

运用 Snagit 捕获视频的操作步骤如下。

步骤 1　打开某一网站,在线播放所需要的视频,也可本地播放视频(..\11.7.3\视频.mp4)文件。

步骤 2　启动 Snagit 软件,单击【捕获】按钮左下角的【模式】按钮,在打开的下拉菜单中选择【视频捕获】命令,设置捕获模式为视频捕获。

步骤 3　单击【捕获】>【输入】>【窗口】命令，即设置捕获方式为窗口。

步骤 4　单击【捕获】>【输出】菜单，在弹出的子菜单中选择【在编辑器中预览】命令。

步骤 5　单击 Snagit 软件中红色的【捕获】按钮，弹出【视频捕获】窗口。

步骤 6　在【视频捕获】窗口中单击【开始】按钮，即开始捕获视频,此时 Snagit 软件将最小化,在右下角的系统托盘中出现一个小的摄像机图标。

步骤 7　录制完成后，双击右下角系统托盘中的摄像机图标，弹出【视频捕获】窗口。

步骤 8　在视频捕获窗口中单击【停止】按钮,即停止录制过程,同时弹出【视频预览】窗口。

步骤 9　在【视频预览】窗口中可预览捕获的视频,单击工具栏中的【保存】按钮,将文件保存。

· CS 案例实现

1. CS 录制屏幕

运用 CS 软件录制使用 Snagit 捕获视频的操作步骤如下。

步骤 1　启动 CS 软件，单击工具栏中的【录制屏幕】按钮，打开 CS 软件的录像机。

步骤 2　设置录像机的【选择区域】为【全屏幕】,设置【录制输入】中【音频开】的状态并调整音量,单击红色【rec】录制按钮,开始录制。

步骤 3　录制完成后，单击录像机工具栏中的【停止】按钮或按 F10 键结束录制，在弹出的预览窗口中选择【保存并编辑】选项，打开【保存文件】对话框。

步骤 4　在【保存文件】对话框中,将文件保存为(..\11.7.3\Snagit 捕获视频操作步骤.avi)文件,此时视频将同时被加载到 CS 剪辑箱中。

2. CS 添加模糊标注

运用 CS 软件给录制的视频添加模糊标注，操作步骤如下。

步骤 5　将已加载到剪辑箱中的视频文件用鼠标拖动到时间轴的轨道 1 上。

步骤 6　编辑器中单击【标注】选项，打开标注窗口，将播放头置于需要添加模糊标注的位置。

步骤 7　在标注窗口中，从标注的形状区域中选择并单击模糊标注，此时在轨道上将添加一个模糊标注,同时显示在预览窗口中。

步骤 8　在画布上用鼠标将模糊标注拖动到被捕获视频的标题栏的位置上,使用标注四周围的句柄调整模糊标注的大小,与标题栏重合,即刚好遮蔽住标题栏目。

步骤 9　参照步骤 7～步骤 8，再次添加一个模糊标注，将其拖动到被捕获视频的播放控制面板的位置上,使用标注四周围的句柄调整模糊标注的大小,与播放控制面板重合,即刚好遮蔽住播放控制面板。

步骤 10　在时间轴上，用鼠标左键拖动的方法，调整两个模糊标注的持续时间，使其从视频开始播放（00:00:31;25）持续到视频结束播放（00:03:39;29）。

3. CS 添加聚光灯标注

运用 CS 软件给录制的视频添加聚光灯标注，操作步骤如下。

步骤 11　编辑器中单击【标注】选项，打开标注窗口，将播放头置于需要添加聚光灯标注的位置。

步骤 12　在标注窗口中，从标注的形状区域中选择并单击聚光灯标注，此时在轨道上将添加一个聚光灯标注，同时显示在预览窗口中。

步骤 13　在画布上用鼠标将聚光灯标注拖动到被捕获视频中 Snagit 软件的红色捕获按钮上（也是二者重合），使用标注四周的句柄调整聚光灯标注的大小，即刚好突显出 Snagit 软件的红色捕获按钮和打开的子菜单。

步骤 14　在时间轴上调整聚光灯标注的持续时间，使其与单击红色【捕获】按钮这一动作时间吻合：（00:00:51;19）至（00:01:01;24）。

步骤 15　编辑完成后，单击【文件】>【生成和分享】菜单，根据提示最终完成视频的渲染。

11.7.4　微视频案例——《格式工厂的运用》

【案例描述】

· 知识点内容简述

格式工厂是一款非常实用的文件格式转换软件，可实现视频、音频、图片、文档等文件格式的转换，视频中提取音频、提取画面以及音视频混流等。此案例以音频格式转换、片段音频截取、视频中提取音频、视频中提取画面、音视频混流 5 方面，来说明格式工厂的应用。

运用 CS 软件录制屏幕、热点标注和添加字幕等功能，录制格式工厂具体操作的视频，用户在浏览器中观看视频并实现交互。

· 技术实现思路

写出运用格式工厂进行音频转换、截取、提出音频、提取画面、音视频混流操作步骤的脚本；运用 CS 软件把格式工厂中的操作步骤、讲解音频录制为视频；编辑期间添加并编辑热点标注，实现不同片段视频间的交互链接；发布视频供用户在浏览器中观看。

制作完成的视频参见 ..\11.7.4\ 格式工厂的运用 .mp4。

【案例实施】

· 知识点内容脚本

格式工厂是一款非常实用的文件格式转换软件，可实现视频、音频、图片、文档等文件格式的转换。下面以 5 个例题的具体实现来说明格式工厂的运用。

1.　音频格式转换

使用格式工厂转换音频文件格式，操作步骤如下。

步骤 1　启动格式工厂软件，单击【音频】>【所有转换到 wav】选项，打开【所有转换到 wav】对话框。

步骤 2　在窗口中单击【添加文件】按钮，打开（..\11.7.4\ 歌曲 1.mp3）音频文件，单击【确定】按钮返回格式工厂软件的主界面。

步骤 3　单击工具栏中的【开始】按钮，将 mp3 音频文件转换为 wav 音频文件。

2.　截取音频

使用格式工厂截取音频文件，操作步骤如下。

步骤 1　启动格式工厂软件，单击【高级】>【音频合并】选项，打开音频合并对话框。

步骤 2　在对话框中单击【添加文件】按钮，打开（..\11.7.4\ 歌曲 2.mp3）音频文件。

步骤 3　单击【截取片段】按钮，在打开的对话框中设置截取片段的开始时间为 00:00:25;00，结束时间为 00:01:35;75，单击【确定】按钮返回格式工厂软件的主界面。

步骤 4　单击【开始】按钮，完成片段音频文件的截取。

3.　从视频中提取音频

使用格式工厂从视频中提取音频，操作步骤如下。

步骤 1　启动格式工厂软件，单击【音频】>【所有转换到 wav】选项，打开【所有转换到 wav】对话框。

步骤 2　在对话框中单击【添加文件】按钮，打开（..\11.7.4\视频 1.avi）视频文件；

步骤 3　单击【截取片段】按钮，打开【视频预览】窗口，设置截取片段的开始时间为 00:00:56;00，结束时间为 00:01:28;30。

步骤 4　单击【确定】按钮返回格式工厂软件的主界面。

步骤 5　单击【开始】按钮，即可从视频中截取部分音频。

4.　从视频中提取画面

使用格式工厂提取视频中的画面，操作步骤如下。

步骤 1　启动格式工厂软件，单击【视频】>【所有转换到 avi】选项，打开【所有转换到 avi】对话框。

步骤 2　在对话框中单击【添加文件】按钮，打开（..\11.7.4\视频 2.avi）文件。

步骤 3　单击【输出配置】按钮，打开【视频设置】窗口，将【关闭音效】设置为"是"，单击【确定】按钮。

步骤 4　单击【选项】按钮，打开【视频预览】窗口，设置截取片段的开始时间为 00:00:10.00，结束时间为 00:00:20.00。

步骤 5　勾选【画面裁剪】复选框，并在预览窗口中用鼠标调整裁剪区域，单击【确定】按钮返回格式工厂软件的主界面。

步骤 6　单击【开始】按钮，完成片段视频区域画面的提取。

5.　音、视频混流

使用格式工厂将音、视频文件混合，操作步骤如下。

步骤 1　启动格式工厂软件，单击【高级】>【混流】选项，打开混流窗口。

步骤 2　单击【视频流】区域中【添加文件】按钮，打开（..\11.7.4\视频 3.avi）。

步骤 3　单击【音频流】区域中【添加文件】按钮，打开（..\11.7.4\歌曲 3.mp3）。

步骤 4　单击【确定】按钮，返回格式工厂主界面。

步骤 5　单击【开始】按钮，完成音频文件与视频文件的混合。

- CS 案例实现

1.　CS 录制屏幕

步骤 1　运用 CS 软件，将格式工厂中实际操作步骤录制为视频，生成视频（..\11.7.4\格式工厂的运用 .trec）文件，录制操作步骤参见案例 2.5.1。

2.　添加热点标注

运用 CS 软件给录制的视频添加并编辑热点标注，操作步骤如下。

步骤 2　启动 CS 软件，从剪辑箱中将视频文件用鼠标拖动到时间轴的轨道 1 上。

步骤 3　编辑器中单击【标注】选项，打开标注窗口，将播放头置于需要添加标注的位置。

步骤 4　在标注窗口单击"矩形箭头"标注，设置标注颜色为"灰色"，矩形标注将出现在预览窗口中。

步骤 5　在标注窗口中的文本区域，设置字体类型为"黑体"，字号为"16"，字体颜色为"白色"，在文本框中输入标注的名称为"音频格式转换"。

步骤 6　将标注移动到预览窗口的右方，使用矩形标注四周的句柄调整其大小。

步骤 7　单击【播放】按钮，在时间轴上调整标注的持续时间，使其从视频播放开始一直持续到视频播放结束。

重复步骤 4～步骤 7，添加以下热点标注：

第 2 个热点标注，名称为"截取音频"；

第 3 个热点标注，名称为"视频中提取音频"；

第 4 个热点标注，名称为"视频中提取画面"；

第 5 个热点标注，名称为"音视频混流"；

第 6 个热点标注，名称为"格式工厂主页"。

步骤 8　在轨道上选择某一标注，在标注窗口属性部分勾选【设为热点】复选框，【热点属性】按钮处于可编辑状态，单击该按钮，打开【热点属性】对话框。

步骤 9　在【热点属性】对话框中，单击"转到时间帧"，输入时间"00:25:12;00"，单击【确定】按钮。

重复步骤 7～8，设置第 2 个热点标注的"转到时间帧"数值为"00:01:01;19"。

重复步骤 7～8，设置第 3 个热点标注的"转到时间帧"数值为"00:02:12;20"。

重复步骤 7～8，设置第 4 个热点标注的"转到时间帧"数值为"00:03:16;09"。

重复步骤 7～8，设置第 5 个热点标注的"转到时间帧"数值为"00:04:58;29"。

重复步骤 7～8，设置第 6 个热点标注的"转到 URL"网址为

"http://www.pcfreetime.com/CN/index.html"。

步骤 10　单击 CS 软件的【文件】>【生成和分享】菜单，生成视频。

第12章

画中画

画中画是指在录好的一段视频上面，再次添加另外一个视频或动画，同样也可以在一个视频当中加上另外一张图片（如网站的 Logo、制作人名字等）做成水印。无论是添加的视频、动画与图片，都起到对主视频的进一步解释、说明与宣传的作用。

画中画制作的方法通常有 3 种。一是运用 CS 录制屏幕或 PPT 时，如果计算机安装有摄像头，在录制的同时通过摄像头获取外部实时画面，生成画中画；二是运用 CS 编辑视频时，添加文字标题等作为视频的水印；三是生成视频的渲染过程中，为视频添加图片生成水印。

12.1 录制生成画中画

运用 CS 的录像机录制计算机屏幕或 PPT 时，如果计算机安装了摄像头，用户在录制计算机屏幕的同时，还可通过摄像头录制计算机外部的实时画面。这样，录制完成并保存为 *.trec 文件后，运用 CS 再编辑该文件时，在轨道上有两个视频，一个是录制的计算机屏幕的视频，另一个是摄像头录制的外部实时画面视频，而且二者是同步的。

一般录制计算机屏幕的视频为主视频，而摄像头录制的外部实时画面为辅视频，二者构成画中画效果。两个视频在画布上的位置、大小，用户在画布上可以调整。

单击 CS 主界面中的【录制屏幕】按钮，就会打开 CS 的录像机，此时摄像头开关处于"摄像头关"的状态，如图 12.1 所示。

图 12.1 录像机"摄像头关"

当用鼠标单击【摄像头关】按钮后，按钮切换为【摄像头开】（见图 12.2），此时按钮右侧出现预览窗口，预览窗口为摄像头获取到的外部画面，当鼠标悬停于预览窗口上时，则出现大预览窗口（见图 12.3）。

图 12.2 录像机"摄像头开"

图 12.3 大预览窗口

单击录像机中的【录制】按钮，开始视频的录制。录制完成保存为 *.trec 文件，此文件可以运用 CS 进行进一步的编辑。

12.2   编辑生成画中画

编辑视频的过程中，通过添加标注的方式，对录制视频的版权信息、特殊说明、附加信息等进行描述，形成视频中的画中画。

制作时需要考虑到主视频画面所在轨道与水印画面所在轨道间的叠放顺序，应该是水印画面所在轨道在上，主视频画面所在轨道在下。

此种制作画中画的方法，操作方便、简单易懂，但不是很美观。

编辑时制作画中画的效果，可以使用标注、图像和视频，但使用视频时需要将视频中的音频静音。

12.3   渲染生成画中画

生成视频的渲染过程中为视频添加水印，形成画中画效果也是一种常用的方法。添加的水印必须是一幅图像，图像文件类型包括 *.bmp、*.jpg、*.gif、*.png 4 种格式。

在 CS 主界面，单击工具栏中的【生成和分享】选项，打开【生成向导】对话框，在此对话框中选择【自定义设置】，单击【下一步】按钮，选择生成视频类型，继续单击【下一步】按钮，直至打开【生成向导】对话框中的【视频选项】界面，在界面中勾选【包括水印】选项，如图12.4 所示。

勾选此复选框后，单击【选项】按钮将弹出【水印】对话框，如图 12.5 所示。对话框中包括预览、图像路径、效果、缩放、位置 5 部分。

图 12.4   生成向导视频选项

图 12.5   水印对话框

单击对话框中的【预览】按钮，打开【水印预览】对话框。

效果包括浮雕、使用透明色。当勾选【浮雕】后，需要设置浮雕的方向，单击方向下面的下拉列表框从北、东北、东、东南、南、西南、西、西北 8 个方向中选择其一，调整深度下面的水平滑块，改变浮雕的深度。当勾选【使用透明色】后，单击【颜色】按钮，设置透明的颜色，调整【不透明】滑块下面的水平滑块，改变不透明度。

缩放内容设置包括保留图像大小、保持宽高比、使用平滑缩放、图像缩放比例。

位置指图像位于视频中的位置，有 9 个位置，分别是左上、上中、右上、左中、中、右中、左下、下中、右下，选择其中之一，在对话框中，该位置变为蓝色，通过【水平偏移】、【垂直偏移】的水平滑块，还可以在上述 9 个位置的基础上，做出位置的微调。

设置完毕，单击【确定】按钮，生成视频后即在指定位置出现水印。

12.4　案例

12.4.1　微视频案例——《音频的基本知识》

【案例描述】

- 知识点内容简述

音频是听觉获取信息的载体，根据视听心理学原理，人获取的信息大约有11%来自听觉。在教学中，音频是一种非常重要的因素，教育者运用音频是调动学生听觉来接受知识的重要工具，合理运用音频不仅能够对文本、画面等内容起到辅助作用，更好地表达教学内容，而且能够吸引学生的注意力，激发学习兴趣。因此，掌握音频素材的基本知识是在教学中有效运用音频素材的基础与前提。

案例将运用CS软件的录制PPT、摄像头等功能，录制讲解音频基本知识的PPT、讲解声音，同时把计算机摄像头录制讲解者的画面一同生成视频，形成画中画视频。

- 技术实现思路

制作讲解音频基本知识的PPT演示文稿并撰写脚本，运用CS软件录制PPT、讲解音频；录制PPT前打开摄像头，通过摄像头录制讲解者画面，在生成视频时构成画中画水印；发布视频供用户观看。

制作完成的视频参见 ..\12.4.1\ 音频的基本知识 .mp4。

【案例实施】

- 知识点内容脚本

音频是听觉获取信息的载体，音频的基本知识包括音频的相关概念、分类、常用格式以及特点。

1. 音频的含义

人类能够听到的所有声音都称为音频。人耳可以听到的声音频率为20Hz～20kHz。

2. 音频的分类

音频包括语音、音乐和音效。

（1）语音

语音一般用来阐明教学重点内容，或者在不适宜使用文字的场合代替文字性内容，如解说、课文朗读等。要求做到解说词精炼，口齿清楚，通俗易懂。

（2）音乐

音乐可以起到烘托气氛、强调主题的作用，如背景音乐。音乐的使用必须使音乐风格与教学内容相协调。

（3）音效

音效可以配合课件画面传递信息，增强画面的形象感与真实感，吸引学生的注意力，如鼠标点击发出的"嘀嗒"声音。

3. 音频的相关概念

人耳听到的声音都是模拟量，计算机处理的声音都是数字信号，将模拟信号转换数字信号的过程就是音频的采样。

音频素材的质量主要受采样频率、量化位数和通道数3个基本参数的影响。

（1）采样频率

简单地说就是在进行声音波形采样的过程中，1s内需要多少个数据，这个数据就是采样频率。采样频率越高，声音的质量越好。通常情况下采样频率在44kHz时就能满足人耳的要求。

（2）量化位数

量化位数也称采样深度，是指声音波形的采样点数据采用多少位二进制数据，通常用 bit 做单位。位数越高，可描述点的数值越大，量化时的误差也就越小，对声音的还原性越好，声音的品质就越有保证。数字音频最常见的采用 16 位。

（3）通道数

根据人耳的听感知规律和原理，人的双耳有声音定位的功能。因此录制音频时使用双声道录音的方式，左右声道分别记录人左耳和右耳听到的声音，这样录制下来的声音称为立体声。随着音频处理技术的发展，多声道技术已开始被普遍使用。

4. 音频文件格式与特点

表 12.1　常用音频文件格式与特点

文件格式	特　点
WAV	又称波形文件，是一种通用的数字音频文件格式。音质最好，但占用的存储空间大
WMA	微软声音文件格式。压缩率可以达到1：18左右
MP3	MPEG音频格式第3代，将WAV压缩后的一种音乐格式。压缩率高、占用磁盘空间小、音质好
MIDI	电脑音乐的统称，占用的存储空间很小
RA	RA、RAM、RM文件格式是一种新型的流式音频，效果好，可获得CD音质效果
APE	无损压缩频格式，压缩之后的APE音频文件可直接播放

• CS 案例实现

1. 录制 PPT 同时添加画中画

步骤 1　启动 CS 软件，执行【工具】>【选项】命令，打开【选项】窗口，在【合作】选项卡中勾选【启用 PowerPoint 加载】项。

步骤 2　CS 编辑器中单击【录制屏幕】按钮右侧的下拉列表，选择【录制 PowerPoint】选项，此时打开空白演示文稿。

步骤 3　在 PowerPoint 中执行【文件】>【打开】菜单，打开（..\12.4.1\ 音频的基本知识 .ppt）需要录制的演示文稿，单击【加载项】菜单。

步骤 4　在【自定义工具栏】中，单击【CS 录制音频】和【CS 录制摄像头】按钮，即在录制时会录制音频和通过摄像头录制讲解者画面，单击【显示摄像头预览】按钮，此时会在桌面上出现预览画面。

步骤 5　在【自定义工具栏】中，单击【录制选项】按钮，打开插件选项窗口，在窗口中设置【音频来源】为麦克风，取消【录制系统声音】选项的勾选。

步骤 6　单击【自定义工具栏】中的【录制】按钮，在打开的窗口中通过调节滑块来调节麦克风音量，然后单击【单击开始录制】按钮，开始幻灯片的录制。

步骤 7　当整个演示文稿录制完毕，会自动弹出一个对话框，单击对话框中的【停止录制】按钮，将录制的视频保存为（..\12.4.1\ 音频的基本知识 .trec）文件，同时视频文件加载到了 CS 剪辑箱中。

2. 画中画的编辑

步骤 1　从剪辑箱中把"音频的基本知识 .trec"用鼠标拖曳的方式，拖曳到时间轴的轨道上，此时文件内容会在轨道 1、轨道 2 上显示出来。

步骤 2　轨道 1 上加载的是录制的 PPT 画面，轨道 2 上加载的是录制的计算机外部画面以及录制的讲解音频。

步骤 3　选择轨道 2 并在其媒体上右击鼠标，打开快捷菜单选择【独立视频和音频】菜单，将轨道 2 上的媒体分解为两个轨道，此时画面显示在轨道 2 上，分解出的音频显示在轨道 3 上。

步骤 4　选中轨道 2，在画布上调整画面大小、位置；选择轨道 3，设置音频的相关属性（音量、效果）等。

步骤 5　设置完成后，单击【文件】>【生成和分享】菜单，选择【自定义生成设置】命令，根据提示进行下一步操作，最终完成视频的渲染。

12.4.2　微视频案例——《PS 选区与路径互换》

【案例描述】

- 知识点内容简述

PS 中往往运用其选区功能进行抠图，而对于极不规则选区的创建，则需要与路径配合使用。因此，二者间的互换是 PS 抠图的重要知识点。

案例将运用 CS 软件的录制屏幕、录制摄像头等功能，把 PS 操作过程录制为视频，同时使用摄像头将讲解者的画面、声音录制为视频，从而构成画中画视频。

- 技术实现思路

写出 PS 中选区与路径互换操作步骤的脚本；然后运用 CS 软件的录制屏幕功能，把 PS 中的操作全过程录制为视频，同时使用摄像头将讲解者的画面、声音录制为视频，从而构成画中画视频。

制作完成的视频参见 ..\12.4.2\ PS 选区与路径互换 .mp4。

【案例实施】

- 知识点内容脚本

在 PS 中运用创建选区工具，可以创建规则形状的选区，也可以创建不规则形状的选区，创建选区后运用选区运算工具能够改变选区。但对于极不规则选区的创建，则可将选区转换为路径，运用路径编辑工具任意改变路径，然后再将路径转换为选区，这样就实现了极不规则选区的创建。

以从一幅图片中抠取不规则区域图像为例，说明选区与路径的互换，操作步骤如下。

步骤 1　启动 PS 软件，执行【文件】>【打开】命令，打开图片（..\12.4.2\1.jpg）文件，将其所在图层进行解锁。

步骤 2　用【椭圆工具】创建一个圆形选区。

步骤 3　在圆形选区上单击鼠标右键，在弹出的快捷菜单中选择【建立工作路径】命令。

步骤 4　在弹出的【建立工作路径】对话框中，单击【确定】按钮。

步骤 5　运用路径选择工具（路径选择工具、直接选择工具）和路径编辑（添加锚点工具、删除锚点工具、转换点工具）对路径进行微调。

步骤 6　在路径上单击鼠标右键，弹出快捷菜单中选择【建立选区】菜单，此时路径又变为选区。

步骤 7　将调整好的选区进行复制、粘贴，生成新的图层，把该图层存储为（..\12.4.2\2.png）图片文件。

- CS 案例实现

1．录制屏幕并添加画中画

步骤 1　启动 CS 软件，单击工具栏中【录制屏幕】按钮，打开 CS 软件的录像机。

步骤 2　单击录像机窗口的【工具】>【选项】菜单，打开工具选项窗口，选择【输入】选项，取消【录制系统声音】选项的勾选。

步骤 3　设置录像机的【选择区域】为【全屏幕】，设置【录制输入】中【音频开】的状态并调整音量，设置【录制输入】中【摄像头开】状态，单击红色【rec】录制按钮，开始录制。

当开始录制后，即按前述的脚本内容进行 PS 中选区与路径互换的操作。

步骤 4 全部操作录制完成，单击录像机工具栏中的【停止】按钮或按 F10 键结束录制，弹出预览窗口中选择【保存并编辑】按钮，打开【保存文件】对话框。

步骤 5 将录制的视频保存为（..\12.4.2\PS 选区与路径互换 .trec）文件，同时视频加载到了 CS 剪辑箱和时间轴中。

2. CS 画中画的编辑

步骤 1 录制的视频已经加载到时间轴轨道 1 和轨道 2 上。

步骤 2 轨道 1 上加载了录制屏幕画面，轨道 2 上加载了录制计算机外部画面及讲解音频。

步骤 3 选中轨道 2，在画布中调整画面大小、位置、音频属性（音量、效果等）等。

步骤 4 设置完成后，单击【文件】>【生成和分享】菜单，选择【自定义生成设置】命令，根据提示进行下一步操作，最终完成视频的渲染。

第 13 章

光标效果

给录制的视频添加光标效果，特别是录制操作计算机步骤的视频，用光标效果突出显示操作的菜单或命令按钮，会收到良好效果。CS 8.0 版是在录制视频时添加光标效果，录制的视频中光标效果将被永久地刻录到记录中，并且不能更改或除去。CS 8.5 版则在编辑视频时为视频添加光标，更方便于用户对光标效果的编辑。

13.1　光标效果的开启

CS 8.0 版需要在录制前从录像机当中设置添加光标效果的相关参数，然后录制时就会为录制的视频添加光标效果。而 CS 8.5 版，则要在录像机当中选择【工具】>【录制工具栏】命令，打开录制工具栏窗口，在窗口中勾选【效果】选项，此时录制视频的过程当中，不将光标效果添加到视频中，而是运用 CS 编辑视频时，通过【光标效果】选项，完成光标效果动画的添加与光标效果的设置。为使用户更清晰光标效果的使用，下面就 CS 8.0 版与 CS 8.5 版的光标效果对比来说明。

13.1.1　CS 8.0 版光标效果

运用 CS 8.0 录制视频过程中，为达到吸引观众注意力的目的，可以通过添加光标效果来实现。光标效果实际是鼠标单击时，呈现的某种不融入背景的突出效果。

在【录像机】窗口中，执行【效果】>【选项】命令，打开效果选项对话框，此窗口有"注释""声音""光标" 3 个选项卡。

1. 光标选项卡

【光标】选项卡中对于光标的设置，包括光标组框、突出光标组框、突出鼠标单击组框，如果欲对此 3 项进行设置，需要将提示栏【在 Camtasia Studio 中使光标效果可编辑】的勾选取消，如图 13.1 所示。

光标组框中可以设置"使用实际的光标""使用自定义光标""使用来自文件的光标"，自定义光标系统提供了几种箭头和手形光标，来自文件的光标可以通过打开相应的光标文件加载不同形状的光标。

突出光标组框中可以设置光标形状、光标颜色、光标大小和光标不透明度等。

突出鼠标单击组框中可以分别设置鼠标左键和右键单击时的形状、颜色和大小等。

2. 选项开关

当设置完光标选项卡中的相关参数后，若要使

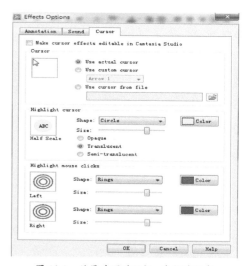

图 13.1　效果选项对话框 - 光标选项卡

录制视频过程真正实现设置的光标效果，还需要打开相应的光标选项开关。执行【效果】>【光标】命令，可选择隐藏光标、显示光标、突出光标单击、突出光标、突出光标与单击等，如图 13.2 所示。

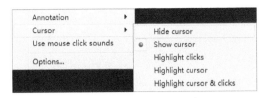

图 13.2 光标效果选项开关

3. 几点说明

添加光标效果只适用于"avi"格式的文件。光标效果设置并启用后，录制的视频中光标效果将被永久地刻录到记录，并且不能更改或除去。使用突出光标、突出鼠标单击的效果如图 13.3 所示。

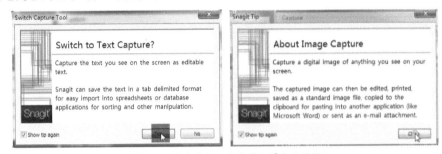

图 13.3 突出光标、突出鼠标单击效果图

13.1.2 CS 8.5 版光标效果

CS 8.5 版，对于光标效果的使用分为两步，第 1 步是在录像机中，先来开启光标效果并录制视频，第 2 步是在 CS 时间轴上编辑在开启光标效果状态下用 CS 录像机录制的视频时，来编辑光标效果。

CS 8.5 版开启光标效果的操作，在 CS 程序主窗口单击【录制屏幕】按钮，打开 CS 录像机；在录像机窗口选择【工具】>【录制工具栏】命令，打开录制工具栏窗口；在窗口中勾选【效果】选项，即开启了光标效果。此时，因为没有设置光标的效果，所以在录制的视频中看不到具体的光标效果。而是需要在编辑视频时，通过编辑光标效果才能在视频当中看到具体的光标效果。

13.2 光标效果的编辑

光标效果的编辑，实质上就是在编辑视频的时候，为视频添加一个光标效果的动画。光标效果主要包括鼠标是否可见、鼠标大小、突出效果、单击左键效果、单击右键效果、单击声音效果，如图 13.4 所示。

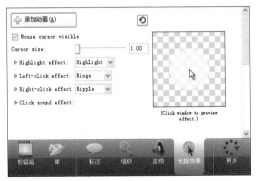

图 13.4 光标效果界面

13.2.1　鼠标是否可见与鼠标大小

在【光标效果】界面中,勾选【鼠标是否可见】选项,右侧预览窗口中就会显示传统鼠标的形状,也就是说给视频添加光标效果动画后,视频当中的鼠标形状是预览窗口中看到的传统鼠标的形状。

用鼠标来调整【鼠标大小】右侧的水平滚动条上的滑块,调整鼠标的大小,向左表示鼠标为原始尺寸,向右表示鼠标增大,默认值为1,最大值为5。

13.2.2　鼠标突出效果

突出效果包括无显示、突出显示、聚光灯显示、放大显示(见图13.5)。

用户单击【突出效果】左侧的箭头后,将显示突出效果的全部选项。在突出效果右侧的下拉列表框中,选项包括无显示、突出显示、聚光灯显示、放大显示4个选项,用户根据需要选择其中之一。选择完毕,还可通过下面的尺寸、放大、边缘模糊进一步调整效果的设置。尺寸用来设置效果大小;放大用来设置使效果的区域放大,播放视频时会发现鼠标单击菜单的区域像放大镜一样被放大;模糊边缘是指使效果边缘变得模糊。

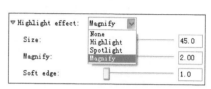

图 13.5　突出效果编辑界面

13.2.3　单击左键效果

单击左键效果包括环状、曲状、波纹状(见图13.6)。

用户单击【单击左键效果】左侧的箭头后,将显示单击左键效果的全部选项。在单击左键效果右侧的下拉列表框中,选项包括环状、曲状、波纹状3个选项,用户根据需要选择其中之一。选择完毕,还可通过下面的尺寸、持续时间、颜色进一步调整效果的设置。尺寸用来设置效果大小;持续时间用来设置效果保持的时间长短;颜色是指效果的颜色。例如设置为环状,播放视频时的效果如图13.7所示。

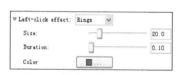

图 13.6　单击左键效果编辑窗口

图 13.7　单击左键环状效果

13.2.4　单击右键效果

单击右键效果包括环状、曲状、波纹状(见图13.8),其设置方法同上,在此不再重述。

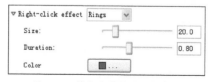

图 13.8　单击右键效果编辑窗口

13.2.5　单击鼠标声音效果

单击鼠标声音效果包括单击鼠标左键声音效果和单击鼠标右键声音效果。也就是说,单击鼠标左键时的声音或单击鼠标右键时的声音，有 3 种选择分别是 None、Mouse click、Laptop click（见图 13.9）。

图 13.9 单击鼠标声音效果编辑窗口

13.3 光标效果动画的操作

完成以上光标效果编辑后，既可单击光标效果编辑窗口左上角的【添加动画】按钮，完成光标效果动画的添加。

当光标效果动画添加后，时间轴上选定的轨道上，会出现光标动画视图。轨道上有【打开或关闭动画视图】按钮，单击该按钮可打开光标动画视图，再次单击可关闭光标动画视图，如图 13.10 所示。

图 13.10 光标动画视图关闭

光标动画视图打开时（见图 13.11），可看到轨道下面有一个灰色的区域，其左侧有一个黄色的实心句柄，黄色句柄即为光标动画效果。

图 13.11 光标动画视图打开

在黄色句柄上单击鼠标右键，在打开的快捷菜单中包括编辑动画、删除、删除所有媒体动画光标 3 个菜单。运用这 3 个菜单可对光标动画进行进一步的编辑、删除等操作。

13.4 案例

13.4.1 微视频案例——《Flash 引导层动画》

【案例描述】

· 知识点内容简述

引导层动画是 Flash 的基本动画之一。引导层是一种特殊的图层，分为普通引导层和运动引导层。运动引导层与被引导层建立链接，运动引导层用于绘制运动路径，通过路径引导被引导层的对象按路径运动，形成引导层动画。运动引导层中的运动路径，最终发布动画时并不显示。

案例将运用 CS 软件的录制屏幕、光标效果等功能，将录制的视频中的鼠标操作添加光标效果，增强视觉实效。

· 技术实现思路

运用 CS 软件的录像机录制引导层动画的制作过程，首先在录像机中开启光标效果，然后开始录制 Flash 程序窗口的操作，最后在 CS 软件中对录制的视频进行光标效果的编辑，最终生成视频文件。

制作完成的视频参见（..\13.4.1\Flash 引导层动画 .mp4）文件。

【案例实施】

- 知识点内容脚本

图层是 Flash 中重要的概念，而运用图层创建的引导层动画则是 Flash 的基本动画之一。引导层动画的基本原理是使运动引导层与被引导层建立链接，通过运动引导层中绘制的路径来引导被引导层中的对象按路径运动。

以小人走迷宫为例，引导层动画的制作步骤如下。

步骤 1　启动 Flash 软件，新建一个文档。

步骤 2　在时间轴的图层 1 上单击鼠标右键，打开快捷菜单中选择【添加传统运动引导层】命令，此时在图层 1 的上方建立了一个"引导层"，引导层与图层 1 建立链接关系，即引导与被引导的关系。

步骤 3　在时间轴上再新建一个图层 3，将图层 3 移动至图层 1 的下方，不改变引导层与被引导层之间的引导关系。

步骤 4　执行【文件】>【导入】>【导入到库】命令，将（..\13.4.1\1.png）和（..\13.4.1\2.png）图片文件，导入到 Flash 的库当中。

步骤 5　此时图层 3 的第 1 帧存在空白关键帧，选中此帧，用鼠标拖曳的方式，将"1.png"图片从 Flash【库面板】中拖曳至设计区中，用【工具箱】中的【任意变形工具】调整图像至合适大小。

步骤 6　在图层 3 的第 30 帧插入帧。

步骤 7　选中引导层的第 1 帧，用【工具箱】中的【铅笔工具】从迷宫入口至出口画一条引导线。

步骤 8　在引导层的第 30 帧上插入帧。

步骤 9　选中图层 1（也就是被引导层）的第 1 帧，用鼠标拖曳的方式，将"2.png"图片从 Flash【库面板】中拖曳至设计区中。

步骤 10　将图形移至迷宫入口处，运用【任意变形工具】调整图像至合适大小，同时调整图片的中心句柄与引导层中的引导线重合。

步骤 11　在图层 1 的第 30 帧插入关键帧，用鼠标拖曳的方式，将设计区中"2.png"图片移至迷宫出口处，同时保持图片的中心句柄与引导层中的引导线重合。

步骤 12　在图层 1 的第 1 帧至第 30 帧之间任何一帧上，单击鼠标右键，在打开的快捷菜单中选择【创建传统补间】命令，创建传统补间动画。

- CS 编辑光标效果

运用 CS 软件给录制的视频编辑光标效果，其操作步骤如下。

步骤 1　启动 CS 软件，单击【录制屏幕】按钮，打开 CS 录像机。

步骤 2　在录像机窗口选择【工具】>【录制工具栏】命令，打开录制工具栏窗口。

步骤 3　在录制工具栏窗口中勾选【效果】选项，开启光标效果。

步骤 4　设置录像机的录制区域、音频等参数（参见 2.5.2 微视频案例——《PS 矢量蒙版》），单击红色【rec】录制按钮，开始录制。当开始录制后，即按前述的脚本内容在 Flash 软件中进行操作。

步骤 5　录制完毕，单击【保存并编辑】按钮，返回 CS 编辑器窗口，对录制的视频进行编辑。

步骤 6　在 CS 编辑器中单击【光标效果】选项，打开【光标效果】界面。

步骤 7　在【光标效果】界面中，勾选【鼠标是否可见】选项；用鼠标来调整【鼠标大小】右侧的水平滚动条上的滑块，设置鼠标的大小值为 2.00。

步骤 8　单击【突出效果】左侧的箭头，在下拉列表项中选择【突出显示】项；调整突出显示的尺寸值为 45，放大值为 2，边缘模糊值为 1。

步骤 9　单击【单击左键效果】左侧的箭头，在下拉列表项中选择【环状】项；调整环状的尺寸值为 15，持续时间值为 0.2，颜色值为红色。

步骤 10　单击【单击右键效果】左侧的箭头，在下拉列表项中选择【环状】项；调整环状的尺寸值为 15，持续时间值为 0.2，颜色值为蓝色。

步骤 11　完成以上光标效果编辑后，单击【光标效果】窗口左上角的【添加动画】按钮，完成光标效果动画的添加。

经过上述操作，即为录制的视频中的所有鼠标操作添加了效果，视频在播放时就能够观看到单击鼠标左键、单击鼠标右键的效果。

13.4.2　微视频案例——《Flash 遮罩层动画》

【案例描述】

· 知识点内容简述

遮罩层动画是 Flash 的基本动画之一。遮罩层是一种特殊的图层，它与被遮罩层建立起遮罩与被遮罩的关系，可以遮掩被遮罩层中的一些对象，同时须对遮罩层与被遮罩层图层加锁，制作复杂的动画效果。一个遮罩层下可以有多个被遮罩层。

本案例将运用 CS 软件的录制屏幕、光标效果等功能，录制 Flash 遮罩层动画的制作过程的视频，为视频添加光标声音效果。

· 技术实现思路

运用 CS 软件的录像机录制遮罩层动画的制作过程，首先在录像机中开启光标效果，然后开始录制 Flash 程序窗口的操作，最后在 CS 软件中对录制的视频进行光标效果的编辑，最终生成视频文件。

制作完成的视频参见（..\13.4.2\ Flash 遮罩层动画 .mp4）文件。

【案例实施】

· 知识点内容脚本

图层是 Flash 中重要的概念，运用遮罩层与被遮罩层间的关系创建遮罩层动画则是 Flash 的基本动画之一。遮罩层动画的基本原理是将遮罩层与被遮罩层间建立遮掩与被遮掩的关系，实现被遮罩层中的一些对象被遮掩的效果。此动画与形状补间动画、动作补间动画配合运用，能够制作出较为复杂的动画。

以地球自转为例，遮罩层动画的制作步骤如下。

步骤 1　启动 Flash 软件，新建一个文档。

步骤 2　执行【文件】>【导入】>【导入到库】命令，将（..\13.4.2\1.bmp）图片文件导入到 Flash 的库当中。

步骤 3　在时间轴的图层 1 上单击鼠标右键，在打开的快捷菜单中勾选【遮罩层】项，此时该图层变为遮罩层。

步骤 4　在时间轴上新建一个图层 2，用鼠标拖曳的方式将图层 2 移动到图层 1（遮罩层）下方，使二者建立遮罩层与被遮罩层的关系。

步骤 5　此时图层 1（遮罩层）的第 1 帧有空白关键帧，选中第一帧，使用【工具箱】中的【椭圆工具】，在舞台中央画一个圆形。

步骤 6　在图层 1（遮罩层）的第 40 帧上单击鼠标右键，在弹出的快捷菜单中，选择【插入帧】

命令。

　　步骤7　选中图层2（被遮罩层）的第1帧，从【库】中将"1.bmp"图片拖曳到舞台最左侧，用【工具箱】中的【任意变形工具】调整图片的高度与圆形直径相同，图片右边缘与圆形右侧外相切。

　　步骤8　在图层2（被遮罩层）的第40帧上，插入关键帧。

　　步骤9　将舞台上的图片水平移到最右侧，使用【工具箱】中的【任意变形工具】调整图片的左边缘，使之与圆形左侧外相切。

　　步骤10　在图层2的第1帧至第40帧之间任何一帧上，单击鼠标右键，在打开的快捷菜单中选择【创建传统补间】命令，创建传统补间动画。

　　步骤11　将图层1（遮罩层）和图层2（被遮罩层）同时加锁。

　　· CS 编辑光标效果

　　运用 CS 软件给录制的视频编辑光标效果，操作步骤如下。

　　步骤1　启动 CS 软件，单击【录制屏幕】按钮，打开 CS 录像机。

　　步骤2　在录像机窗口中选择【工具】>【录制工具栏】命令，打开录制工具栏窗口。

　　步骤3　在录制工具栏窗口中勾选【效果】选项，开启光标效果。

　　步骤4　设置录像机的录制区域、音频等参数（参见 2.5.2 微视频案例——《PS 矢量蒙版》），单击红色【rec】录制按钮，开始录制。当开始录制后，即按前述的脚本内容在 Flash 软件中进行操作。

　　步骤5　录制完毕，单击【保存并编辑】按钮，返回 CS 对录制的视频进行编辑。

　　步骤6　在 CS 编辑器中单击【光标效果】选项，打开【光标效果】界面。

　　步骤7　在【光标效果】界面中，勾选【鼠标是否可见】选项；用鼠标来调整【鼠标大小】右侧的水平滚动条上的滑块，设置鼠标的大小值为1.00。

　　步骤8　单击【单击鼠标左键声音效果】前面的箭头，在【单击鼠标左键声音效果】右侧的下拉列表框中选择【Mouse click】项，即视频在播放时，单击鼠标左键时播放此声音。

　　步骤9　在【单击鼠标右键声音效果】右侧的下拉列表框中选择【Mouse click】项，即视频在播放时，单击鼠标右键时播放此声音。

　　步骤10　完成以上光标效果编辑后，单击【光标效果】界面左上角的【添加动画】按钮，完成光标效果动画的添加。

　　经过上述操作，即为录制的视频中的所有单击鼠标左键、单击鼠标右键的操作添加了声音效果，视频在播放时就能听到单击鼠标左键或右键的声音。

第 14 章

测验或调查

测验是指通过设置相关的测验题，检验学员观看视频后的学习效果。调查是指添加开放式的问题，以获得反馈或收集用户信息。本章主要介绍关于测验的有关知识，其中包括测验视图的显示 / 隐藏、测验的类型、测验的添加以及如何通过电子邮件收到测试结果等。

14.1 测验视图

14.1.1 显示测验视图

在 CS 软件主界面中，测验视图是关闭的，打开测验视图的方法有以下两种：一是使用组合键 Ctrl+Q；二是单击时间轴上的【显示或隐藏视图】按钮的下拉菜单，选择显示测验视图，如图 14.1 所示。

测验视图处于显示状态时，不仅测验视图在轨道上方打开，而且所有加载了媒体的轨道上方均显示出一个添加测验的区域，当鼠标悬停在某一轨道此区域时，会出现紫色菱形与直线，此时单击鼠标左键，则在该轨道上添加了一个测验，如图 14.2 所示。

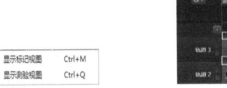

| 显示标记视图 | Ctrl+M |
| 显示测验视图 | Ctrl+Q |

图 14.1 时间轴设置按钮

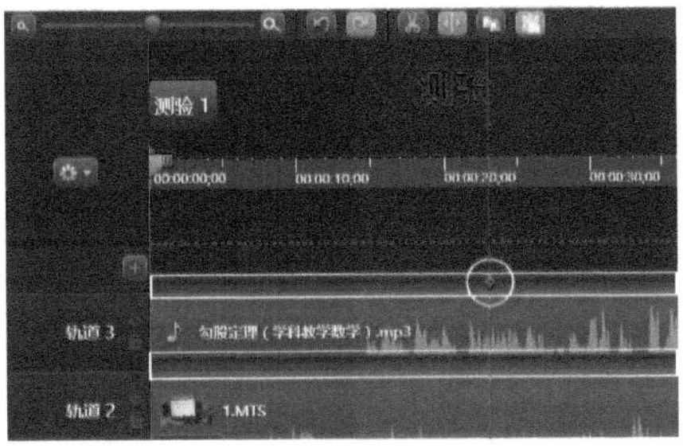

图 14.2 测验视图打开的轨道状态

14.1.2 隐藏测验视图

当添加完测验后，即可隐藏测验视图，隐藏测验视图的方法有 3 种：一是使用组合键 Ctrl+Q；二是单击时间轴上的【显示或隐藏视图】按钮下的下拉菜单，选择隐藏测验视图；三是在打开的测验视图轨道上，单击鼠标右键在弹出的快捷菜单中，选择【隐藏测验视图】命令，如图 14.3 所示。

| 隐藏测验视图 | Ctrl+Q |
| 删除所有测验 | |

图 14.3 隐藏测验视图设置

14.2 测验的操作

14.2.1 测验窗口

测验窗口主要包括测验选项、问题选项两大部分，如图 14.4 所示。单击【添加测验】按钮，测验选项、问题选项包含的内容变为可编辑状态。

1．测验选项

测验选项设置包括测验名称、添加问题、预览、分数测验、可以查看看到答案后提交 5 部分。

测验名称是指在时间轴上该测验的名称，也是测验题目大类的名称，如"一、选择题""二、填空题"等。测验名称通过右侧面的文本框输入。

添加问题是指在该测验上添加具体的小题，也就是题目大类下具体小题的问题内容。问题内容的输入需要在问题选项中的问题后面的滚动文本框中输入。

预览是指该测验的全部试题跳转到浏览器界面，对测验题进行预览，如图 14.5 所示。该测验为单项选择题，其中包括两个小题，当前为第一小题。测验窗口的外观设置将在后面介绍。

图 14.4　测验窗口

图 14.5　测验预览

【分数测验】为勾选项，如果是测验题目，需要给答题者记答题得分，则需要勾选此项；如果是调查题目，不需要给答题者记得分，则不勾选此项。

【可以查看看到答案后提交】也是一个勾选项，如果勾选了此项，当预览视频时，用户在答完该测验全部小题并单击【提交答案】按钮后，会弹出询问窗口（见图 14.6），单击询问窗口中的【查看答案】按钮，会打开带有答案的问题预览窗口（见图 14.7），让用户查看正确答案及自己所答是否正确；单击询问窗口中的【继续】按钮，视频继续播放。如果不勾选【可以查看看到答案后提交】选项，则用户单击【提交答案】按钮后，用户不能查看答案，会继续播放视频。

图 14.6　询问窗口

图 14.7　有答案的问题预览窗口

2．问题选项

问题选项包括问题类型、问题、答案 3 部分内容。

问题是指要输入的测验问题的具体内容。问题内容从右侧滚动文本框中输入。

问题类型包括多种选择、填空、简短答案、真 / 假 4 种类型。问题类型的选择从右侧的下拉列表框中选择。如图 14.8 所示。

答案是指对所提问题拟给出的几个答案的具体内容，答案内容通过右侧文本框输入。如为多种选择题，则每个答案项前有一个复选框，设计时需要在正确答案前勾选该答案项的复选框，答案项的排列顺序通过单击右侧的箭头进行调整（见图 14.9）。如为填空题，可输入几个可接受的答案。如为简答题，则输入答案内容的文本框不显示。如为真 / 假题，则显示正确、错误，二者前有单选按钮。

图 14.8　问题类型选择

图 14.9　多种选择问题答案项排列

14.2.2　测验问题举例

测验与调查最主要的区别是问题类型与是否记分。通常情况下，调查是不记得分的，而测验会记得分；一般来说调查通常放在一个视频后面，来了解观者观看视频后对视频的评价等，而测验一般放在一个片段视频后，用来测试观者观看视频后对内容的理解与掌握情况；添加测验与调查的过程是完全一样的。下面就 4 种问题类型举例加以比较。

1. 多种选择

测验题从下列选项中选择正确的选项，调查从下列选项中选择认为合适的选项，如表 14.1 所示。

表 14.1　多种选择实例

类别	测验题	调查
问题内容	CS软件不能导入的视频文件是哪一个？	观看完视频后，你认为此视频的优点是？
答案	*.flv	界面美观
	*.avi	内容准确
	*.mp4	画面清晰

2. 填空

测验题需要填写正确答案，调查是对客观现状的一种回答，谈不上正确与否，如表 14.2 所示。

表 14.2　填空实例

类别	测验题	调查
问题内容	CS软件当前最高版本是？_____。	你喜欢的职业？_____。

3. 简短答案

测验题需要做出答案，而答案还是有一定正确性限定的；调查所做出的回答，则没有正确性限定，如表 14.3 所示。

表 14.3　简短答案实例

类别	测验题	调查
问题内容	请回答CS软件可导入的视频文件有哪些？	你认为当前教育最大的问题是什么？

4. 真 / 假

测验题需要根据题目内容做出答案，存在所选择答案的正确与错误；调查所做出的回答是对所提问题的真与假做出选择，不存在对与错，如表 14.4 所示。

表 14.4 真 / 假实例

类别	测验题	调查
问题内容	CS软件能够导入*.flv视频文件吗？	我计划在未来6个月内购买新汽车。
答案	正确	真
	错误	假

14.2.3 添加测验

1. 时间轴测验与媒体测验

添加测验分为添加时间轴测验和添加媒体测验两种。默认情况下，测验作为时间轴测验添加。

时间轴测验添加在测验视图中，其实质是占有一个单独的轨道。添加到时间轴的测验，无论其他轨道上的媒体如何移动、删除等，都不影响时间轴测验；但时间轴测验不能与其他轨道上的媒体一同添加到库中。

媒体测验添加在某一个轨道上，其实质是与该轨道媒体共用一个轨道。添加到轨道上的媒体测验，该轨道上媒体的删除、复制、粘贴、组操作等，都对其起作用；而且如果将媒体保存至库，则测验一同伴随媒体保存。

添加在时间轴的测验，在测验视图中的测验标志呈现为红色菱形；添加的媒体测验在轨道上方的测验标志呈现为紫色菱形；无论是时间轴测验还是媒体测验，当处理被编辑时，其测验标志均为黄色，如图 14.10 所示。

2. 添加测验

（1）隐藏测验视图

测验视图关闭状态下，添加测验的方法有两种：一是在视频播放时，按键盘上的 Q 键；二是用鼠标拖动播放头到某一位置，再按键盘上的 Q 键，这样均会在播放头所在位置添加一个时间轴测验。

（2）显示测验视图

添加测验前需要在时间轴上选择要添加测验的位置，也就是将播放头定位于要添加测验的位置，然后在 CS 编辑器中选择【测验】选项，打开测验窗口，此时测验视图也处于显示状态。

① 添加时间轴测验

鼠标悬停在测验视图一栏时，将鼠标沿着测验视图一栏刻度线的顶部移动，会出现一个红色菱形的测验标志，在需要添加测验的地方，单击鼠标左键即可创建时间轴测验，如图 14.11 所示。

图 14.10 时间轴测验与媒体测验

图 14.11 时间轴测验

② 添加媒体测验

鼠标悬浮在编辑媒体轨道一栏时，将鼠标沿着媒体所在轨道的上部移动，会出现一个紫色菱形的测验标志，在需要添加测验的地方，单击鼠标即可创建一个媒体测验，如图 14.12 所示。

3．时间轴测验与媒体测验的转换

媒体测验和时间轴测验可相互转换。例如将媒体测验转换为时间测验，将鼠标悬浮于某个媒体测验上，沿着媒体测验紫色线移动到测验视图一栏刻度线的顶部，此时出现红色菱形的测验标志，单击鼠标左键即将媒体测验转换为时间轴测验。转换前后的对比如图 14.13 所示。

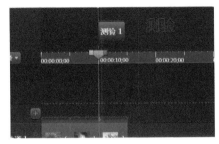

图 14.12　媒体测验

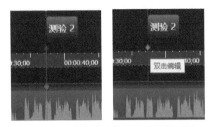

图 14.13　媒体测验转换为时间轴测验

14.2.4　移动测验

移动测验需要测验视图处于打开状态，无论是时间轴测验还是媒体测验，用鼠标选中该测验，按下鼠标左键沿着时间轴刻度线或者媒体轨道线直接左右拖动，即可实现测验的位置移动。

14.2.5　删除测验

删除测验同样需要测验视图处于打开状态。

（1）删除一个测验。删除一个测验的方法是选中要删除的测验，单击鼠标右键，在弹出的快捷菜单中选择【删除】命令或者直接按键盘上的 Delete 键。

（2）删除所有测验。删除所有测验的方法是在测验视图轨道上单击鼠标右键，在弹出的快捷菜单中选择【删除所有测验】命令；也可在其中一个测验上单击鼠标右键，在弹出的快捷菜单中选择【删除所有测验】命令。

14.2.6　重命名测验

测验视图处于打开状态，选择要重命名的测验并单击鼠标右键，在弹出的快捷菜单中选择【编辑测验】命令，打开测验编辑窗口进行测验的重命名，如图 14.14 所示。

图 14.14　测验的编辑、删除

14.3　测验的发布

运用 CS 编辑视频时，如果在视频中添加了测验，则在生成和分享视频时，同样需要进行相关的设置。需要说明的是，单击 CS 主窗口的【生成和分享】按钮后，在弹出的【生成向导】窗口（欢迎到 Camtasia Studio 生成向导）中需要选择【自定义生成设置】，单击【下一步】按钮，在弹出的【生成向导】窗口（你想怎么生成你的视频）中需要选择【MP4- 智能播放器（Flash/html5）】选项后进入下一步。

【生成向导】窗口（测验报告选项）是设置测验相关参数的重要窗口（见图 14.15）。

该窗口设置内容包括使用 SCORM 报告测验结果、通过 e-mail 测验结果报告、浏览器标识、测验外观 4 部分内容。

1. 使用 SCORM 报告测验结果

生成视频的过程中，如果勾选了此复选框，【SCORM 选项】按钮即处于可编辑的状态，单击该按钮打开 SCORM【清单选项】对话框，如图 14.16 所示。此对话框中主要包括课程信息、测验成功、完成要求、SCORM 封装选项等部分内容。

图 14.15　测验报告选项界面

图 14.16　SCORM 清单选项对话框

测验成功是指对观看视频用户回答测验题时，及格分数的最低要求，通过右侧的水平滑块来调整比例要求。例如：设置为 70%，则答题者答题需要达到此标准，才可观看后面的视频。

完成要求是指对观看视频用户观看视频总量的要求，通过右侧的水平滑块来调整"查看百分比"的数值。例如：设置为 50%，则答题者在答题前必须看完视频的 50% 才能进行答题。

2. 通过 email 测验结果报告

生成视频的过程中，如果勾选【通过 email 测验结果报告】复选框，则【收件人 email 地址】、【确认 email 地址】即处于可编辑的状态（见图 14.17），在后面的文本框中填写正确的 email 地址。用户在登录提供该视频服务的网站观看视频，答题提交答案后，会自动将测验结果报告发送至设置的邮箱。

3. 浏览器标识

浏览器标识设置包括要求观众输入名称和 email 地址与让观众参与匿名测验两个选项，开发视频者根据自己的需要进行设置。

4. 测验外观

测验外观窗口主要完成答题界面设置，设置内容如图 14.18 所示，视频开发者可对每个文本框的内容进行更改。

图 14.17　email 地址设置　　　　　　　　图 14.18　测验外观设置

当视频生成后，可以发布到网站上，用户通过登录网站观看视频。视频开发者也可在浏览器中测试视频的使用效果。下面是测试效果的几幅图片。

图 14.19 所示为视频在浏览器中开始播放，可以看到播放进度条上有 3 个白色圆点，分别代表 3 个调查。

图 14.19　含有调查视频测试

图 14.20 所示为视频在浏览器中播放，当播放到第一个调查处，视频停止播放并弹出【调查】和【重播最后一节】按钮，当观看视频的用户单击【调查】按钮后，则出现图 14.21 所示的页面。

图 14.20　第一个调查页面

图 14.21　第一个调查答题页面

在图 14.21 中答题完毕，观看视频的用户单击【提交答案】按钮后，则出现图 14.22 所示的菜单，询问用户是查看答案，还是继续观看视频。用户如果单击【继续】按钮，则继续播放视频；如果单击【查看答案】按钮，则出现图 14.23 所示的页面，给出正确答案并对用户的作答给出判断，用户观看完单击【继续】按钮，继续视频的播放。

图 14.22　询问用户

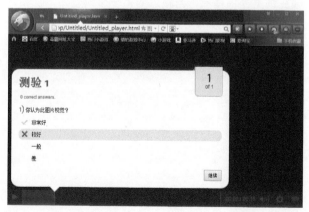

图 14.23　答案反馈

后面的两个调查同上。

当整个视频播放完，观看视频的用户也做了 3 个调查，调查结果将以邮件的方式发送至视频开发者在生成视频时设置的邮箱中。

14.5 案例

14.5.1 微视频案例——《Flash 帧的基本知识》

【案例描述】

· 知识点内容简述

帧是 Flash 编辑动画的基本单元，因此学习 Flash 首先要掌握帧的概念、帧的类型、帧的操作等基本知识。

Flash 的时间轴主要由图层、帧和播放头组成，它用来组织、控制动画内容在一定时间内播放的图层数与帧数。因此，所有动作行为、控制命令均在帧上编排，帧在时间轴上的排列顺序将决定动画的播放顺序。帧包括普通帧、关键帧和空白关键帧 3 种类型。帧的操作包括帧的选择、复制、粘贴等。

案例将运用 CS 软件的录制屏幕、测验等功能，为录制的视频添加选择类测验，用来检测学习者对知识的掌握程度。

· 技术实现思路

制作讲解 Flash 帧的 PPT 演示文稿并撰写讲解脚本，运用 CS 软件录制 PPT 同时录制讲解音频；编辑视频的过程中，使用测验功能，在讲解每个知识点视频之后添加相应的测验；生成视频时设置测验报告的获取方式；发布视频供用户在浏览器中观看。

制作完成的视频参见 ..\14.5.1\ Flash 帧的基本知识 .mp4。

【案例实施】

· 知识点内容脚本

帧是 Flash 编辑动画的基本单元，帧的基本知识包括帧的概念、帧的类型、帧的操作等内容。

1. 帧的基础知识

（1）时间轴

时间轴是 Flash 的控制台，所有播放顺序、动作行为、控制命令均在时间轴上编排；时间轴主要由图层、帧和播放头组成；时间轴是摆放和控制帧的地方，帧在时间轴上的排列顺序将决定动画的播放顺序。

（2）帧的基本类型

帧包括普通帧、关键帧和空白关键帧 3 种类型。不同类型的帧在动画中发挥的作用也不同。

① 普通帧

时间轴上用灰色显示；连续普通帧的最后一帧中有一个空心矩形；连续普通帧的内容相同，修改其中之一，其他帧内容也更新；普通帧通常用于放置静止的对象（背景、文字）。

② 关键帧

关键帧是有黑色实心圆点的帧；时间轴上插入关键帧后，左侧相邻帧的内容就会自动复制到该关键帧中；此类帧用来定义动画变化；此类帧不可使用太频繁，会增大文件。

③ 空白关键帧

空白关键帧在时间轴上是含空心圆圈的帧；插入的空白关键帧不继承左侧相邻帧的内容。

2. 帧的操作

（1）选择帧

选择帧是对帧操作的前提条件。选择单个帧，把光标移动到帧上单击；选择多个不连续的帧，按住 Ctrl 键单击选择帧；选择多个连续的帧，按住 Shift 键单击开始帧、结尾帧；选择所有帧，在任意帧上单击鼠标右键，在弹出的快捷菜单中选择【选择所有帧】命令或选择【编辑】>【时间轴】>【选择所有帧】命令。

（2）插入帧

插入帧的方法：一是在时间轴上选择要创建帧的位置，按 F5 键插入帧，按 F6 键插入关键帧，按 F7 键插入空白关键帧；二是在时间轴上要创建帧的位置单击鼠标右键，在弹出的快捷菜单中选择【插入帧】、【插入关键帧】或【插入空白关键帧】命令；三是在时间轴上选择要创建帧的位置，选择【插入】>【时间轴】命令，在弹出的快捷菜单中选择所需类型的帧。

（3）删除帧

删除帧清除了帧的内容，同时帧被删除。选择某帧，单击鼠标右键，在弹出的快捷菜单中选择【删除帧】或选择【编辑】>【时间轴】>【删除帧】命令。

（4）清除帧

清除帧清除了帧的内容，此帧变为空白关键帧状态。选择某帧，单击鼠标右键，在弹出的快捷菜单中选择【清除帧】命令或选择【编辑】>【时间轴】>【清除帧】命令。

（5）复制与粘贴帧

选择帧（一帧或多帧），单击鼠标右键，在弹出的快捷菜单中选择【复制帧】命令或选择【编辑】>【时间轴】>【复制帧】命令。

选择要粘贴帧的位置，单击鼠标右键，在弹出的快捷菜单中选择【粘贴帧】命令或选择【编辑】>【时间轴】>【粘贴帧】命令。

（6）移动帧

选择要移动的帧，单击鼠标右键，在弹出的快捷菜单中选择【剪切帧】命令，然后在目标帧处粘贴帧。

（7）翻转帧

翻转帧可以使选择的一组帧，按照顺序翻转过来。原第一帧变为最后一帧，最后一帧变为第一帧。选择需要翻转的帧，单击鼠标右键，在弹出的快捷菜单中选择【翻转帧】命令。

- CS 案例实现

1. 录制 PPT

运用 CS 软件录制（..\14.5.1\ Flash 帧的基本知识 .ppt）演示文稿，生成视频（..\14.5.1\ Flash 帧的基本知识 .avi）的操作步骤，参见案例 2.5.3 的操作步骤。

2. 编辑测验

运用 CS 软件给录制的视频编辑测验，操作步骤如下。

步骤 1　启动 CS 软件，将（..\14.5.1\ Flash 帧的基本知识 .avi）导入到 CS 剪辑箱中。

步骤 2　从剪辑箱中将该视频用鼠标拖曳的方法拖至轨道 1 上。

步骤 3　在时间轴上将播放头定位于要添加测验的位置，在 CS 编辑器中选择【测验】选项，打开测验窗口。

步骤 4　单击【显示或隐藏视图】下拉菜单中的【显示测验视图】选项，此时测验视图处于显示状态。把鼠标悬停于测验视图一栏，将鼠标沿着测验视图一栏刻度线的顶部移动，出现一个红色菱形的测验标志，在需要添加测验的地方（0:08:58;13），单击鼠标左键创建时间轴测验。

步骤 5　在测验窗口【测验名称】后面文本框内输入"一、选择题"。

步骤 6　在测验窗口【问题类型】右侧的下拉列表框中选择【多种选择】项。

步骤 7　在测验窗口【问题】右侧滚动文本框中输入"1.Flash 的时间轴组成，下列说法正确的是（　　）？"。

步骤 8　在测验窗口【答案】右侧滚动文本框中输入第 1 个答案"A. 图层、播放速率"，再次输入第 2 个答案"B. 图层、工具箱、播放头"，再次输入第 3 个答案"C. 图层、帧、播放头"。

步骤 9　在 C 答案前勾选，表示其为正确答案。

步骤 10　在测验窗口中单击【添加测验】按钮，完成第一个测验的添加。

步骤 11　在测验窗口中单击【添加问题】按钮，继续添加下一个问题。

步骤 12　重复步骤 7～步骤 9 完成下面两个选择题目的制作。

2. Flash 的帧分为哪 3 种类型？

A．大帧、中帧、小帧　　　　　　　　　　B．普通帧、关键帧、空白关键帧

C．普通帧、关键帧、假帧

提示：此题在 B 答案勾选。

3. 关于关键帧说法正确的是？

A．在时间轴上表现为黑色实心圆点　　　　B．此类帧不是用来定义动画变化的

C．在时间轴上插入关键帧后，左侧相邻帧内容不会自动复制到该关键帧中

提示：此题在 A 答案勾选。

步骤 13　编辑完测验，单击 CS 主窗口的【生成和分享】按钮，依据提示进行下一步，直到【生成向导】窗口的【测验报告选项】界面，设置测验的 SCORM 报告测验结果、通过 email 测验结果报告、浏览器标识、测验外观等 4 部分相关参数后，最终生成视频。生成的视频需要发布到网站上，用户通过浏览器登录网站观看视频。

14.5.2　微视频案例——《图形图像的基本知识》

【案例描述】

· 知识点内容简述

图形图像的基本知识主要包括图形、图像的含义以及二者的区别，图形、图像存储格式与特点，图形、图像在教学中的作用，图形、图像在教学中应用原则等。了解图形、图像的基本知识是获取数字化图形图像资源、加工、合理运用的前提。

案例将运用 CS 软件的录制屏幕、测验等功能，为录制的视频添加判断类测验，用来检测学习者对知识的掌握程度。

· 技术实现思路

制作讲解图形、图像基本知识的 PPT 演示文稿，运用 CS 软件录制 PPT 同时录制讲解语音；编辑视频的过程中，运用 CS 软件测验功能，在讲解每个知识点视频之后添加相应的测验；生成视频时设置测验报告的获取方式；发布视频供用户在浏览器中观看。

制作完成的视频参见 ..\14.5.2\ 图形图像的基本知识 .mp4。

【案例实施】

· 知识点内容脚本

图形、图像基本知识主要包括图形、图像的含义、存储格式、特点、教学中的作用与应用原则，是数字化图形图像加工与合理运用的前提。

1. 图形、图像的含义

图形一般指用计算机绘制的画面，如直线、圆、圆弧、任意曲线和图表等。

图像则是指由输入设备捕捉的实际场景画面或以数字化形式存储的任意画面。

通常将图形称为矢量图，图像称为位图。

（1）矢量图形

矢量图形是用一组指令集合来描述图形的内容，这组指令用来描述构成该图形的所有直线、圆、矩形、曲线等的位置、维数、大小和形状，因此矢量图形是用数值决定图形显示在屏幕上而不是像素点。优点是任意放大不失真，文件占用空间小；缺点是色彩比较单调。主要适用于标志、图案、文字、版式等设计。

（2）位图图像

位图图像由描述图像的各个点的明暗强度与颜色的位数集合组成。位图图像为映射图像，常常是由扫描仪、摄像机、数码相机等输入设备捕捉的实际画面场景产生的数字图像。优点是色彩自然、柔和，层次感强，可清晰重现生活环境；缺点是文件占用空间大，任意放大后会失真。主要适用于现实场景的再现。

2. 图形、图像文件的格式与特点

表 14.5　图形图像文件的格式与特点

类型	文件格式	特点
图形	EPS	专门为存储矢量图设计的特殊的文件格式，输出的质量很高，格式与分辨率没有关系，几乎所有的图像、排版软件都支持EPS格式
	WMF	矢量图形文件格式，广泛应用于Windows平台
	EMF	是WMF格式的增强版，弥补WMF格式的不足
	CDR	CorelDRAW制作生成的文件
图像	BMP	为非压缩格式，图像质量较高，文件占空间较大，不适于网络传输
	JPEG	压缩技术先进，文件占用空间小，图像质量高，是最好的摄影图像的压缩格式
	GIF	流行的彩色图形格式，支持透明和动画，文件较小，广泛应用于网络
	PNG	新兴的一种网络图像格式，结合了GIF和JPG的优点，采用无损压缩方式存储

3. 图形、图像的作用

（1）直观、形象地表征教学信息

相对于文字来说，图形、图像素材的直观性更强，这一点是由素材本身的特点所带来的。现实中经常会发现很多信息，运用语言描述或文字表达无法表达清楚，这时常常要借助图形、图像。

（2）表征知识间逻辑关系

教学过程中，稍微复杂一些的知识体系，需要呈现它们之间的逻辑关系，让学生通过对知识点之间逻辑关系的理解，促进其对具体知识点的掌握。此时，图形、图像在呈现逻辑关系方面具有得天独厚的优势。

（3）弥补学习者经验的不足

学习者不是对于所有的教学内容都有生活经验，很多情况下，学习者缺乏对所传授教学内容的生活经验的积累，缺乏对其背景的初步认识，这个时候，图片可以发挥重要的作用。

（4）提升教学内容的表现力

图片能够提升所传递教学内容的艺术表现力。一是图片的呈现能够为学习者提供生活化的情景，富有情绪的感染力和身临其境的感受，从而调动学生学习的积极性；二是图片能够通过视觉上的冲击，吸引学习者的注意力，带给学生美的感受。

4. 图形、图像应用原则

（1）图形、图像数量的适度性

（2）图形、图像色彩信息量的适度性

（3）图形、图像色彩搭配的合适性

（4）图形、图像空间位置的合理性

（5）图形、图像特效的合理性

（6）图形、图像与文本配合的合理性

- CS 案例实现

1.　录制 PPT 并编辑测验

运用 CS 软件录制（..\14.5.2\ 图形图像基本知识 .ppt）演示文稿，生成视频（..\14.5.2\ 图形图像基本知识 .avi）的操作步骤，参见案例 2.5.3 的操作步骤。

2.　编辑测验

运用 CS 软件给录制的视频编辑测验，操作步骤如下。

步骤 1　在 CS 软件中，将（..\14.5.2\ 图形图像的基本知识 .avi）导入到 CS 剪辑箱中。

步骤 2　从剪辑箱中把该视频，用鼠标拖曳的方法将其拖到轨道 1 上。

步骤 3　在时间轴上将播放头定位于要添加测验的位置，在 CS 编辑器中选择【测验】选项，打开测验窗口。

步骤 4　单击【显示或隐藏视图】下拉菜单中的【显示测验视图】选项，此时测验视图处于显示状态。把鼠标悬停于测验视图一栏，将鼠标沿着测验视图一栏刻度线的顶部移动，出现一个红色菱形的测验标志，在需要添加测验的地方（00:03:59;02），单击鼠标左键创建时间轴测验。

步骤 5　在测验窗口【测验名称】后面文本框内输入"一、判断题"。

步骤 6　在测验窗口【问题类型】右侧的下拉列表框中选择【真 / 假】选项。

步骤 7　在测验窗口【问题】右侧滚动文本框中输入"1.图像称为位图,任意放大不失真对吗？"。

步骤 8　在测验窗口【答案】勾选"错误"项。

步骤 9　在测验窗口中单击【添加测验】按钮，完成第一个测验的添加。

步骤 10　重复步骤 6～步骤 9 完成下面两个判断题目的制作。

2．图形、图像均可直观表征教学信息？

提示：勾选"正确"

3．图形和图像的概念相同。

提示：勾选"错误"

步骤 11　单击 CS 软件的【文件】>【生成和分享】菜单，根据提示进行下一步操作，当进入生成向导的【智能播放器选项】界面时，在窗口中选择【选项】选项卡，勾选【测验】项并单击【下一步】进入生成向导的【测验报告选项】界面。

步骤 12　在【测验报告选项】界面中，勾选【通过 email 测验结果报告】项，在此填写正确的 email 地址，勾选【让观众参与匿名测验】项。

步骤 13　继续单击【下一步】按钮，最终完成视频的渲染。在浏览器中就可以看到生成的视频中有测验，用户就可以在视频中进行测试了。

14.5.3　微视频案例——《微课开发工具需求调查》

【案例描述】

- 知识点内容简述

近几年,微课备受各层次教育者、学习者的青睐,微课开发工具也是多种多样。针对不同群体,设计微课开发工具需求的调查问卷,制作调查视频,通过网络获取调查结果。

案例将运用 CS 软件的测验功能，把所设计的调查问卷编辑成为"微课开发工具需求调查"的视频。被调查者通过网络观看视频并完成相关调查信息的填写，结果通过网络回传。

· 技术实现思路

设计、写出微课开发工具需求调查问卷；运用 CS 软件制作调查视频；发布调查视频并回收调查结果。

制作完成的视频参见 ..\14.5.3\ 微课开发工具需求调查 .mp4。

【案例实施】

· 知识点内容脚本

观众朋友，请认真填写本视频中关于微课开发工具需求的相关调查题目，调查内容如下。

一、选择调查（请从每题下面的选项中，选择你认为最合适的答案）

1. 您平时制作课件时，下列 3 种工具使用最多的是（　　　）。

A．PowerPoint　　　　　　　　　B．focusky

C．prezi

2. 您制作微课时，对于思维导图的使用是（　　　）。

A．不使用　　　　　　　　　　　B．偶尔使用

C．经常使用

3. 您制作微课时，对于音频处理软件 Audition 的使用是（　　　）。

A．不使用　　　　　　　　　　　B．偶尔使用

C．经常使用

4. 您制作微课时，对于图片处理软件 Photoshop 的使用是（　　　）。

A．不使用　　　　　　　　　　　B．偶尔使用

C．经常使用

5. 您制作微课时，对 Flash 软件的使用是（　　　）。

A．不使用　　　　　　　　　　　B．偶尔使用

C．经常使用

二、简答调查（请您依据自身的应用与需要，回答下面的问题）

6. 谈谈您进行录制微课时，您会采用哪种软件？

7. 谈谈您录制完微课，后期编辑时常使用哪些软件？

8. 就微课开发工具而言，您还希望学习、运用什么工具？

CS 制作调查视频

步骤 1　启动 CS 软件。

步骤 2　在 CS 编辑器中选择【测验】选项，打开测验窗口。

步骤 3　单击【显示或隐藏视图】下拉菜单中的【显示测验视图】选项，此时测验视图处于显示状态。把鼠标悬停于测验视图一栏，将鼠标沿着测验视图一栏刻度线的顶部移动，出现一个红色菱形测验标志，在需要添加调查的地方（00:00:16;05），单击鼠标左键创建时间轴调查。

首先，输入选择题类型的调查问题：

步骤 4　单击 CS 编辑器中的【测验】选项，在测验窗口【测验名称】后面文本框内输入"一、选择调查（请从每题下面的选项中，选择你认为最合适的答案）"。

步骤 5　在测验窗口【问题类型】右侧的下拉列表框中选择【多种选择】项。

步骤 6　在测验窗口【问题】右侧滚动文本框中输入"1. 您平时制作课件时，下列 3 种工具使用最多的是（　　　）"。

步骤 7　在测验窗口【答案】右侧滚动文本框中输入第 1 个选项 "A．PowerPoint"，然后输入第 2 个选项 "B．focusky"，再次输入第 3 个选项 "C．prezi"。

步骤 8　在【测验选项】中单击【添加问题】按钮，添加下一个选择调查，重复步骤 5 ～步骤 7 完成其他选择调查问题的制作。

其次，输入简答调查问题。

步骤 9　继续把鼠标悬停于测验视图一栏，将鼠标沿着测验视图一栏刻度线的顶部移动，出现一个红色菱形的测验标志，在需要添加调查的地方（00:00:17;06），单击鼠标左键创建时间轴调查。

步骤 10　在测验窗口【测验名称】后面的文本框内输入 "二、简答调查（请您依据自身的应用与需要，回答下面的问题）"。

步骤 11　在测验窗口【问题类型】右侧的下拉列表框中选择【简短答案】项。

步骤 12　在测验窗口【问题】右侧滚动文本框中输入 "6．谈谈您进行录制微课时，您会采用哪种软件？"。

步骤 13　在测验选项中单击【添加问题】按钮，添加下一个简答调查，重复步骤 11 ～步骤 12 完成其他简答调查问题的制作。

步骤 14　单击 CS 软件的【文件】>【生成和分享】菜单，根据提示进行下一步操作，当进入生成向导的【智能播放器选项】界面时，在窗口中选择【选项】选项卡，勾选【测验】项并单击【下一步】按钮，进入生成向导的【测验报告选项】界面。

步骤 15　在【测验报告选项】界面中，勾选【通过 email 测验结果报告】项，在此填写正确的 email 地址，勾选【让观众参与匿名测验】项。

步骤 16　继续单击【下一步】按钮，最终完成视频的渲染。用户需要在浏览器中观看视频并填写调查题目、提交答案。

第15章

生成和分享视频

运用 CS 软件编辑完整个项目，可以生成和分享视频。生成的视频格式多样，生成视频的同时还可将这些视频分享到某个网站，供更多的用户来学习和观看。无论用哪种方法来生成视频，在生成视频的过程中，特别要注意相关参数的设置，以保证生成的视频每一项功能都有效。

15.1 生成和分享视频的方法

15.1.1 生成视频的途径

CS 软件 8.5 版生成视频通过两个途径来实现。

（1）通过 CS 软件的工具栏。工具栏上有【生成和分享】按钮，用鼠标单击按钮右侧的下拉箭头，打开下拉列表框，从下拉列表框中选择【生成和分享视频】的方式，包括生成和分享、分享到 screencast.com、分享到 Google Drive、分享到 YouTube、分享到我的位置，共 5 个选项。选择其中一个选项，进入【生成向导】窗口。

（2）通过 CS 软件的菜单。单击【文件】>【生成和分享】菜单，就会打开【生成向导】窗口。【生成向导】窗口我们将在后面详细介绍。

另外，在编辑项目的过程当中，单击【文件】>【生成特殊】菜单，在级联菜单中选择【选择生成为】、【导出音频为】、【导出帧为】菜单之一，将相关内容保存为相对应的文件。

15.1.2 生成视频的常用方法

生成新视频文件常用的方法有两种：一是在【生成向导】窗口中，选择【自定义生成设置】选项，依据提示一步一步生成视频；二是在【生成向导】窗口中，选择【添加/编辑预设】选项，打开【管理创建预设】窗口，用户创建一个自定义预设并自定义生成视频的相关参数，然后选择此预设，依据提示一步一步生成视频。

15.2 自定义生成设置

生成视频时，无论是通过 CS 软件的工具栏，还是通过 CS 软件的菜单，都会打开生成向导窗口。生成向导窗口根据操作步骤的进度，又分为许多子窗口。图 15.1 所示为【生成向导——欢迎到 Camtasia Studio 生成向导】窗口，在该窗口的下拉列表框中，选择【自定义生成设置】选项，单击【下一步】按钮，打开下一个【生成向导——你想怎么生成你的视频？】窗口，如图 15.2 所示。

在【生成向导——你想怎么生成你的视频？】窗口中，用户根据需要，选择生成的视频格式。窗口中视频的格式包括以下几个。

（1）默认的 "MP4—Flash/HTML5 player(F)" 格式，这个格式适合发布到网上，可以在优酷或者土豆网上进行播放。

（2）"WMV—Windows Media 视频（W）" 格式，适用于在电脑或者本机上进行观看。这个格式在所有安装微软的电脑上都可以播放。

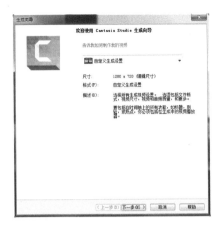

图 15.1　欢迎到 Camtasia Studio 生成向导窗口

图 15.2　你想怎么生成你的视频窗口

（3）"MOV—QuickTime 视频（M）"格式，适合于在苹果手机和电脑上进行观看。用 CS 软件生成此类视频格式文件时，必须安装 QuickTimeInstaller 插件。

（4）"AVI—音频视频交错视频文件（A）"格式，此类格式输出的文件比较大，但是输出的视频文件是最清楚、最完整的。

（5）"M4V—Ipod,iphone 和 iTunes 兼容视频（I）"格式。

（6）"MP3—仅音频（O）"格式。

（7）"GIF—动画文件（G）"格式，适合于时间比较短的动画格式。

用户选择上述其中一种格式后，单击【下一步】按钮，会进入不同的生成向导子窗口。选择第 1 种情况会打开"智能播放器选项"窗口，选择第 2 种情况会打开"Windows Media 编码选项"窗口，选择第 3 种情况会打开"QuickTime 编码选项"窗口，选择第 4 种情况会打开"AVI 编码选项"窗口等。这里我们以选择第一种情况为例，继续介绍相关内容。

"生成向导—智能播放器选项"窗口，如图 15.3 所示。

【生成向导—智能播放器选项】窗口包括控制器、大小、视频设置、音频设置、选项 5 个选项卡，下面分别介绍 5 个选项卡的功能。

（1）控制器。控制器主要决定在生成的视频当中，是否有控制视频播放的控制条。当勾选【生成使用控制器】选项时，下面的控制器主题、自动隐藏控制、在开始暂停等参数即可进行设置。如设置控制器主题为"透明度"，则此时，下面阅览窗口中的控制器是透明度样式的控制器。再如，勾选【自动隐藏控制】选项，则视频在播放时，控制器会自动隐藏。

（2）大小。大小的设置包括嵌入大小和视频的大

图 15.3　智能播放器选项窗口

小。比如，视频的大小包括视频的宽度、高度、保持宽高比等参数，用户可根据需要进行设置。

（3）视频设置。视频设置包括帧速率、每秒多少关键帧、编码模式等。比如，帧速率可设置 1～30 的数字，也就是每秒播放多少帧。再如，编码模式包括质量和比特率，当选择质量时，用鼠标拖动下面的水平滑块来调整质量的高低。

（4）音频设置。音频设置类似于视频的设置，在此不多叙述。

（5）选项。选项包括目录、搜索、标题、标题类型、标题最初可见、测验几部分内容。

当我们编辑的视频需要运用标记制作视频导航目录时，则必须勾选【目录】选项，否则视频导航目录无法生成。在随后的"生成向导—标记选项"窗口中（见图15.4），需要对导航目录进行相关的设置。【标记选项】窗口主要包括编号标记条目、最初可见目录、重命名、显示选项等。如勾选【编号标记条目】选项，表示导航目录以标记编号为名称。如单击【重命名】按钮，可以给显示的目录进行重命名。再如通过显示选项，设置导航目录在视频的左侧还是右侧显示。

当我们编辑的视频运用到字幕时，则必须勾选【标题】选项，同时在右侧的下拉列表框中选择【根据视频字幕】选项，否则生成的视频无法显示字幕。

当我们编辑的视频运用到测验时，则必须勾选【测验】选项，在随后的【生成向导—测验报告选项】窗口中（见图15.5），单击【测验外观】按钮，打开【测验外观选项】窗口（见图15.6），对测验外观进行设置。【测验报告选项】窗口中，还可对报告测验结果的发送进行设置，比如通过email发送测试报告结果。测验外观选项窗口，主要是对带有测试的视频在播放测试时外观的设置。比如现在测验按钮标签的名称、查看答案按钮文本的名称、上一个按钮文本的名称、下一步视频按钮标签的名称、提交答案按钮标签的名称等。

图15.4　标记选项窗口

图15.5　测验报告选项窗口

设置完【生成向导—智能播放器选项】窗口的相关参数，单击【下一步】按钮，打开【生成向导—视频选项】窗口（见图15.7）。在此窗口中，设置内容包括视频信息、报告、水印、图像路径、HTML。例如水印，当勾选【包括水印】选项时，可使用图片或其他视频作为该视频的水印。

继续单击【下一步】按钮，打开"生成向导—制作视频"窗口（见图15.8）。在此窗口中设置输出视频文件的项目名称、存储的文件夹等。

图15.6　测验外观窗口

最后，单击【完成】按钮，CS软件开始对视频进行渲染，最终生成视频文件和文件夹（文件夹中包含程序文件和视频文件等）。

图 15.7 视频选项窗口

图 15.8 制作视频窗口

15.3 添加/编辑预设

生成新视频文件的另外一种方法是添加/编辑预设，用户创建自定义预设，自定义生成视频的相关参数。用户在【生成向导—欢迎到 Camtasia Studio 生成向导】窗口的下拉列表框中，选择【添加/编辑预设】选项，打开【管理创建预设】对话框（见图 15.9）。

【管理创建预设】对话框包括创建预置、描述、预设信息 3 部分。

（1）创建预置。创建预置包括新建、编辑、清除。单击【新建】按钮，打开【生成预置向导】窗口（见图 15.10）。在窗口中设置预设名称、撰写描述信息、选择文件格式等，然后单击【下一步】按钮，根据提示完成预设的相关参数的设置后，返回【管理创建预设】窗口，单击【关闭】按钮，返回【生成向导—欢迎到 Camtasia Studio 生成向导】窗口，此时在窗口的下拉列表框中就会出现新建的预设。在【管理创建预设】窗口的下拉列表中（见图 15.9），选择某一个预设，单击【编辑】按钮，可对该预设进行编辑，单击【清除】按钮，可以删除该预设。

（2）描述。描述主要是用户在创建该预设时编写的对该预设的一些描述信息。

（3）预设信息。预设信息主要是对该预设的一些参数的描述。主要包括：MP4 视频、帧速率、关键帧速率、在启动时暂停、视频质量、音频比特率、音频格式、水印、HTML 等。

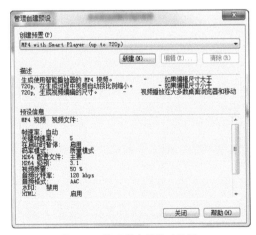

图 15.9 管理创建预设对话框

图 15.10 生成预置向导对话框

创建好的预设，用户在今后生成视频时，就可以使用了。

第 16 章

综合案例

微课的制作理论与实践的结合性很强。本书各个章节在介绍理论的基础上，针对章节的重点知识均给出了两三个案例。为使读者更全面、更系统地掌握微课制作的理论、技术、流程与方法，本章将给出几个综合案例。

微课就其制作方法角度而言，有基于 PPT 的微课制作、录屏软件 +PPT 的微课制作、录屏软件＋屏幕操作的微课制作、手机（相机）＋白纸的微课制作、摄像机＋黑板（或电子白板）的微课制作、汗微—微课宝的微课制作等。本章选择其中常用的方法，以案例形式来说明微课的制作方法。

16.1 微视频综合案例—— 《视听教学媒体》

【案例描述】

- 知识点内容简述

人们感知世界、认识世界的主要感觉器官是视觉和听觉，视听媒体的引入使得现代教学过程变得更为形象、具体、直观、生动且富有情趣，有效地激发了学生的思维，加速了教育信息传递进程，改善了学习效果。一般来说，视听教学媒体包括视觉型、听觉型和视听型 3 类，知识点简要介绍 3 种类型媒体的基本知识和常用的设备。

案例将运用到 CS 软件的语音旁白、时间轴、缩放镜头、转场、标注和生成视频等主要功能。

- 技术实现思路

制作讲解"视听教学媒体"的演示文稿并写出讲解脚本，将 PPT 的每张幻灯片导出为图片；运用 CS 软件的语音旁白功能录制讲解音频并对录制的音频进行编辑；运用 CS 的缩放镜头对部分镜头的图片进行缩放；运用 CS 的标注对重点内容加以强调；运用 CS 的转场为图片间的转换添加过渡效果；最终生成视频。

制作完成的视频参见 ..\16.1\ 视听教学媒体 .mp4。

【案例实施】

- 知识点内容脚本

视听教学媒体包括视觉型、听觉型和视听型 3 类。

1. 视觉媒体

常用的视觉类教学媒体设备包括光学投影仪、照相机、视频实物展示台、大屏幕电子投影仪等。

（1）光学投影仪

光学投影仪也称投影机，是在幻灯机的基础上发展起来的一种便于书写投影的视觉教学媒体，同样是利用"透镜成像"原理制成的。

（2）光学照相机

普通光学照相机是运用透镜成像原理设计制造的一种光学仪器，它由镜头、光圈、快门、取景器与调焦装置和机箱等部件构成。

（3）数码相机

数码相机是将数字技术与传统的光学相机相结合的产物，是一种能够进行拍摄，并通过内部处理把拍摄到的景物转换成以数字格式存放图像的特殊照相机。

（4）视频展示台

视频展示台又称实物展示台，是一种新型的视觉媒体设备。

（5）投影仪

投影仪是多媒体教室中计算机、视频展示台、VCD、录像机的视频再现设备。投影仪产品从技术角度上分为阴极射线管投影仪、液晶显示投影仪和数字光路投影仪。

2. 听觉媒体

常用的听觉类教学媒体设备有收音机、录音机、扩音机、CD 唱机等。

（1）录音机

录音机是根据"电磁转换"原理制造的听觉类教学媒体。

（2）激光唱机与 CD 光盘

激光唱机也称 CD 机，是一种用微处理器控制的数字化高保真立体声音响设备，它使用激光束刻录的 CD 光盘放音。

3. 视听媒体

常用的视听类教学媒体设备有电视系统、电视机、录像机、摄像机、VCD、DVD 等。

（1）电视系统和电视机

电视是运用电子技术传送活动图像与声音信息的通信方式，整个电视系统通常由发送、传输、接收 3 部分组成。

（2）录像机

录像机是视听教育媒体中的重要设备，它和摄像机、电视机、特技信号发生器等组合使用，可很方便地对各种教育电视节目进行编辑组合、记录重放等操作。

（3）摄像机

摄像机按记录信号的方式可分为数码机和模拟机两类。随着信息技术的发展，数码摄像机目前已经越来越多地得到应用。

（4）VCD 与 DVD

· **CS 案例实现**

1. PPT 另存为图片

步骤 1　打开（..\16.1\视听教育媒体 .PPT）文件，执行【文件】>【另存为】菜单，将演示文稿的每一张幻灯片分别存为（..\16.1\幻灯片 1.png... 幻灯片 15.png）文件。

步骤 2　打开 CS 软件，将 15 张幻灯片图片和 4 张设备的图片导入剪辑箱中，将 15 张幻灯片图片按顺序加载到轨道 1 上，将该轨道加锁。

2. CS 录制语音旁白

步骤 1　在 CS 软件的时间轴中，单击【插入轨道】按钮，插入轨道 2 作为语音旁白的录制轨道。

步骤 2　在 CS 编辑器中选择【语音旁白】选项，打开【语音旁白】窗口。

步骤 3　在【语音旁白】窗口中，勾选【在录制过程中静音扬声器】选项，使录制过程中不记录计算机扬声器播放的声音。

步骤 4　在【语音旁白】窗口的【输入级别】选项中，用鼠标拖动水平音量调节滑块，向左或向右降低音量或增大音量，直至调节音量至合适。

步骤 5　单击【开始录制】按钮后，空录 5 秒，然后讲解者开始讲述"视听教育媒体"的内容，录制完全部讲解音频，单击【停止录制】按钮。

步骤 6　此时弹出【文件保存】对话框，将录制的音频保存为（..\16.1\视听教育媒体 .mp3）文件。

步骤7 返回 CS 软件窗口，此时录制的音频即加载到剪辑箱和时间轴的轨道 2 上。

3. CS 编辑音频

步骤1 选择轨道 2 的音频，用鼠标拖动播放头的【选择开始】滑块至音频开始处，再用鼠标拖动播放头的【选择结束】滑块至（00:00:05;00），实现无用片段音频的选择，然后按 Delete 键删除此片段音频。

步骤2 用鼠标拖动播放头至 00:01:32;14 处，单击时间轴工具栏上的【分割】按钮，将音频分割为两段。后面需要分割音频可用同样的方法。

步骤3 解锁轨道 1 并选择"幻灯片 1.png"图片媒体，单击鼠标右键，在打开的快捷菜单中选择【持续时间】命令，打开【持续时间】窗口，在窗口中调整持续时间为 39.2 秒，使此片段媒体播放时间提高。同样设置"幻灯片 2.png"图片媒体的播放时间为 15.1 秒，设置"幻灯片 3.png"图片媒体的播放时间为 37.28 秒。

4. CS 缩放镜头

步骤1 将剪辑箱内的"光学投影仪 .jpg"文件，用鼠标拖到时间轴轨道 1 的 00:01:32;14 处。

步骤2 将播放头置于 0:01:32;25 处，在 CS 编辑器中单击【缩放】选项，打开缩放窗口。

步骤3 在缩放窗口中，尺寸一栏输入 50%，此时，该轨道上播放头所在位置出现一个缩放动画，用鼠标拖动动画的结束句柄（蓝色圆句柄）至 0:01:40;22 处；此时在缩放窗口中，使用鼠标拖动句柄调整视频显示区域，使其刚好显示单击"反光镜、放映镜"部分内容。

经过步骤 2～步骤 3，即实现了从 0:01:32;25 至 0:01:40;22 时间段的镜头缩放效果。

用同样的方法，设置放大显示光学投影仪不同部分内容的缩放镜头。

5. CS 添加动态标注

步骤1 选择轨道 1，将剪辑箱内的"光学照相机 .jpg"文件，用鼠标拖到时间轴的轨道 1 的 0:02:50;07 处。

步骤2 在编辑器中，单击【标注】选项，打开标注窗口，将播放头调整到（0:02:50;07）需要加动态标注的位置。

步骤3 在标注窗口中单击【添加标注】按钮，选择形状区域的【素描运动椭圆】动态标注，在画布上调整该动态标注的位置、大小，使其正好框住图片中的镜头部分。

步骤4 在标注窗口的形状区域，设置该动态标注的边框为"红色"、效果为"翻转—垂直"。

步骤5 在标注窗口的属性区域，用鼠标左键拖动【绘制时间】右侧的滑块，设置绘制时间为 1s，用鼠标左键拖动【淡出】右侧的滑块，设置淡出时间为 0s。

重复上述步骤 2～步骤 5，完成"光圈""快门""取景器""调焦装置""机箱" 5 个需要突出强调内容动态标注的添加。

6. CS 添加转场

步骤1 在编辑器中，单击【转场】按钮，打开【转场】窗口。

步骤2 单击选中【立方体旋转】过渡效果，按住鼠标左键将其拖动到轨道 1 中"幻灯片 6.png"图片媒体与"视频展台 .png"图片媒体之间的位置，即为两张图片添加此种过渡效果。

步骤3 重复步骤 1～步骤 2，完成"视频展台 .png"图片媒体与"幻灯片 7.png"图片媒体之间的"立方体旋转"过渡效果。

完成"幻灯片 7.png"图片媒体与"LCD 投影仪 .png"图片媒体之间、"LCD 投影仪 .png"图片媒体与"幻灯片 8.png"图片媒体之间的"页面滚动"过渡效果。

7. CS 生成视频

编辑完成后，单击【文件】>【生成和分享】菜单，选择【自定义生成设置】命令，根据提示进行下一步操作，最终完成视频的渲染。

16.2 微视频综合案例—— 《基于 PPT 的微课制作》

【案例描述】

· 知识点内容简述

基于 PPT 的微课制作就其方法来说，由于运用的软件不同，制作方法各异。比如运用 PPT+ 录屏软件的微课制作方法；再如设计美化好 PPT、用 PPT 录制讲解音频、PPT 转换为视频、视频中音频降噪的制作微课的方法。本知识点将详细讲述后一种方法。

案例将运用到 CS 软件的录制屏幕、语音旁白、剪辑箱、时间轴、字幕、转场、标记和生成视频等主要功能。

· 技术实现思路

制作讲解 "基于 PPT 的微课制作" 的演示文稿并写出讲解脚本，将 PPT 的每张幻灯片导出为图片；运用 CS 软件的录制屏幕功能，将 PPT 中动画控制音频播放的操作步骤录制为视频；运用语音旁白功能录制讲解音频；运用剪辑箱、时间轴、轨道等进行音频、画面的编辑；运用字幕功能为视频添加、编辑字幕；运用标记功能为视频添加导航；最终生成视频。

制作完成的视频参见 ..\16.2\ 基于 PPT 的微课制作 .mp4。

【案例实施】

· 知识点内容脚本

由于教学内容、微课类型、所需设备、所需场地等不同，因此微课制作的方法很多并且存在较大差异。基于 PPT 的微课制作比较普遍。本知识点从设计制作 PPT、录制讲解音频、PPT 发布为视频、视频中音频的降噪 4 个方面，介绍了基于 PPT 的微课制作流程与方法。

1. 设计、制作 PPT

（1）文本的合理运用

① 文本运用的常见问题

② 运用文本的技巧

（2）图片的合理运用

① 图片运用的常见问题

② 运用图片的技巧

（3）音频的合理运用

PPT 2010 版使用音频时分为链接与嵌入两种情况。嵌入 PPT 中音频播放控制的方法有动画控制、Windows Media Player 控件控制、幻灯片切换控制、动作设置控制等。

这里重点介绍 PPT 中用动画与触发器配合，实现控制音频的播放、暂停、停止。步骤如下。

步骤 1　执行【插入】>【音频】>【文件中的音频】命令，将音频文件插入到幻灯片中。

步骤 2　执行【插入】>【形状】>【矩形】命令，在幻灯片中拖出 3 个矩形填充图形，在每个矩形填充图形上，右键菜单选择【编辑文字】命令，为 3 个矩形填充图形分别添加文字：播放按钮、暂停按钮、停止按钮。

步骤 3　选择幻灯片中的小喇叭图标，执行【动画】>【添加动画】>【播放】命令，添加播放动画，同时打开动画窗格。

步骤 4　在动画窗格中的 "播放" 动画上，单击鼠标右键，在打开的快捷菜单中选择【效果选项】项，打开【播放音频】对话框，选择【计时】选项卡，单击【触发器】按钮，选择 "单击下列对象时启动效果" 右侧的下拉列表，选择触发对象为 "播放按钮"，单击【确定】按钮。

步骤 5　重复步骤 3～步骤 4，完成暂停按钮、停止按钮的触发动作。

（4）视频运用技巧

视频在 PPT 中的运用可以分为链接方式和嵌入方式。执行【插入】>【视频】>【文件中的视频】命令，选择视频文件后，如果在【打开文件】窗口中单击【插入】按钮，则视频嵌入 PPT 中，若单击【链接到文件】按钮，则视频链接至 PPT 中。

嵌入 PPT 中的视频，自动用 Windows Media Player 控件播放。

（5）动画运用技巧

PPT 中运用动画，包括内部动画和外部动画。外部动画运用较多的是 SWF 动画和 GIF 动画。插入 GIF 动画，其数据就会保存在 PPT 中，而 SWF 动画嵌入 PPT 中，则需要完成一定的技术操作。方法是运用 Shockwave Flash Object 控件，同时设置该控件的 Movie 属性为播放的动画文件，设置该控件的 Embedmovie 属性为 True 值表示嵌入，保存 PPT 后，动画数据即保存于 PPT 中。

（6）PPT 美化技巧

① 美化 PPT 的基本原则

② 美化 PPT 的方法

2.　录制讲解声音

（1）前期准备

① 硬件准备主要包括电脑、麦克风等。

② 讲稿准备指在运用 PPT 录制讲解音频之前，一定要对所讲的内容撰写讲稿提纲。录音时依据讲稿提纲录制。

（2）声音录制

在 PPT 中录制声音，方法是执行【幻灯片放映】>【录制幻灯片演示】命令，打开【录制幻灯片演示】对话框后，单击【开始录制】按钮，即可从第 1 张幻灯片开始录制，录完一张按翻页键翻页，继续录制下一张。

3.　PPT 发布为视频

（1）应用 PPT 2010 版，执行【文件】>【另存为】命令，将 PPT 存储为视频格式。

（2）应用"狸窝转换器"软件将 PPT 转换为视频格式。

4.　视频中音频的降噪

视频中音频的降噪，可用 Audition 软件实现，方法同音频的降噪相似。

以上是基于 PPT 微课制作的基本步骤与技巧。

- CS 案例实现

1.　CS 录制屏幕

步骤 1　启动 CS 软件，单击工具栏中的【录制屏幕】按钮，打开 CS 软件的录像机。

步骤 2　设置录像机的【选择区域】为【自定义】，取消【尺寸】的纵横比锁定，用鼠标单击【自定义】右侧的下拉箭头，从打开的菜单中勾选【锁定到应用程序】项。

这样在 CS 录制屏幕时，就会只录制当前激活的窗口（本案例中为 PPT 窗口），同时随着激活窗口的放大、缩小、移动等改变录制的区域。

步骤 3　设置录像机的【录制输入】中【音频开】的状态并调整音量，单击红色【rec】录制按钮，开始录制。

当开始录制后，即按前述脚本内容中动画与触发器配合，实现 PPT 中控制音频播放的步骤操作。

步骤 4 全部操作录制完成，单击录像机工具栏中的【停止】按钮或按 F10 键结束录制，在弹出的预览窗口中选择【保存并编辑】选项，打开【保存文件】对话框。

步骤 5 在【保存文件】对话框，保存为（..\16.2\动画控制音频播放 .avi）文件。

2. PPT 另存为图片

打开（..\16.2\基于 PPT 微课制作 .PPT）文件，执行【文件】>【另存为】命令，将演示文稿的每一张幻灯片分别存为（..\16.2\幻灯片 1.png... 幻灯片 6.png）文件。

3. 媒体导入剪辑箱

打开 CS 软件，将 6 张幻灯片图片文件、"动画控制音频播放 .avi"视频文件导入剪辑箱中。

4. CS 录制语音旁白

步骤 1 CS 软件中，选择轨道 1 作为语音旁白的录制轨道。

步骤 2 CS 编辑器中选择【语音旁白】选项，打开【语音旁白】窗口。

步骤 3 在【语音旁白】窗口中，勾选【在录制过程中静音扬声器】选项，使录制过程中不记录计算机扬声器播放的声音。

步骤 4 在【语音旁白】窗口的【输入级别】选项中，用鼠标拖动水平音量调节滑块，向左或向右降低音量或增大音量，直至调节音量至合适。

步骤 5 单击【开始录制】按钮后，讲解者开始讲述"基于 PPT 微课制作"的内容，录制完全部讲解音频，单击【停止录制】按钮。

步骤 6 此时弹出【文件保存】对话框，将录制的音频保存为（..\16.2\基于 PPT 微课制作 .mp3）文件。

步骤 7 返回 CS 软件窗口，此时录制的音频即加载到剪辑箱和时间轴的轨道 1 上。

5. 轨道操作与编辑媒体

步骤 1 选择轨道 1 并单击鼠标右键，在打开的快捷菜单中选择【重命名轨道】命令，将"轨道 1"更名为"音频"。

步骤 2 选择"音频"轨道，用鼠标拖动播放头的【选择开始】滑块至音频 00:06:25;01 处，再用鼠标拖动播放头的【选择结束】滑块至 00:06:44;29 处，选择讲错的片段音频，然后单击时间轴工具栏上的【剪切】按钮，删除此片段音频。

步骤 3 在时间轴左侧有一个【+】号按钮，单击此按钮在当前轨道上方添加一个新的轨道，默认轨道名为轨道 2，在该轨道上单击鼠标右键，在打开的快捷菜单中选择【重命名轨道】命令，将"轨道 2"更名为"画面"。

步骤 4 将 6 张幻灯片图片文件按顺序加载到"画面"轨道上。

步骤 5 在"画面"轨道上选择"幻灯片 1.png"图片媒体（在其上按下鼠标左键，沿轨道左右拖动可调整媒体在轨道上的位置），单击鼠标右键，在打开的快捷菜单中选择【持续时间】命令，打开【持续时间】窗口，在窗口中调整持续时间为 274.4 秒，使此片段媒体的播放时间与讲解音频同步。

步骤 6 用步骤 5 的方法，同样设置"幻灯片 2.Png 至幻灯片 6.Png"图片媒体在轨道上的位置、播放持续时间，实现画面与讲解音频的一一同步。

步骤 7 新建一个轨道，默认为轨道 3，从剪辑箱中将"动画控制音频播放 .avi"视频拖到轨道 3 开始处，将"音频"轨道、"画面"轨道设置为关闭、锁定状态。

6. CS 同步字幕

步骤 1 将前述脚本内容中动画与触发器配合，实现对 PPT 中控制音频播放的操作步骤的文本进行复制。

步骤2　在编辑器中单击【字幕】选项，打开字幕窗口。

步骤3　在字幕窗口中单击【添加字幕媒体】按钮，将复制的文本内容粘贴到字幕窗口中的字幕文本框中。

步骤4　单击字幕窗口中的【同步字幕】按钮，打开【同步字幕】窗口，单击【继续】按钮，开始播放视频。

步骤5　在播放视频的过程中，当听到一句话结束时，用鼠标在字幕文本框中单击下一句话开始的单词，即可创建一个新的字幕。

步骤6　重复步骤5完成其余文本内容字幕的同步。

7. CS 组的操作

步骤1　将轨道3的视频和轨道4的字幕全部选定，单击鼠标右键，在打开的快捷菜单中选择【组】命令，将两个轨道的媒体组成为一个组，默认组名为"组1"。

步骤2　将"音频"轨道、"画面"轨道设置为打开、解锁状态。

步骤3　选择"画面"轨道，将播放头定位于00:06:25;01处，用鼠标拖动的方式将"组1"拖到此处。

8. CS 添加转场

步骤1　选择"画面"轨道，在编辑器中单击【转场】按钮，打开转场窗口。

步骤2　单击选中【立方体旋转】过渡效果，按住鼠标左键将其拖动到"画面"轨道中"幻灯片1.png"图片媒体与"幻灯片2.png"图片媒体之间的位置，为两张图片添加此种过渡效果。

步骤3　将鼠标移到效果的边线左右拖动，调整效果的播放时间长度为2秒。

步骤4　重复步骤2～步骤3，完成其他几张图片间过渡效果的设置。

9. CS 编辑标记

步骤1　单击时间轴左上角的【显示或隐藏视图】按钮，在打开的菜单中勾选【显示标记视图】菜单项，此时媒体所在轨道上边界处会出现多个蓝色菱形标记，此标记称为"媒体标记"。

步骤2　将播放头定位于00:06:25;01处，按键盘上的M键，在此处添加一个标记，在标记上单击鼠标右键，在打开的快捷菜单中选择【重命名】命令，此时标记名称文本框中光标插入点闪动，输入"步骤1"。

步骤3　重复步骤2，分别在：

00:06:37;29处，添加第2个标记，输入"步骤2"；

00:07:41;12处，添加第3个标记，输入"步骤3"；

00:07:57;03处，添加第4个标记，输入"步骤4"；

00:08:27;13处，添加第5个标记，输入"步骤5"。

10. CS 生成视频

步骤1　编辑完成后，单击【文件】>【生成和分享】菜单，选择【自定义生成设置】命令，根据提示进行下一步操作，当进入生成向导的【智能播放器选项】窗口时，在窗口中选择【选项】选项卡。

步骤2　在该选项卡中要完成两项任务，一是勾选【标题】项并设置【标题类型】为【根据视频字幕】，勾选【标题最初可见】项，这样在生成视频中才可显示字幕；二是勾选【目录】选项，并单击【下一步】按钮进入生成向导的标记选项窗口。

步骤3　在标记窗口中，勾选【编号标记条目】和【最初可见目录】项，在显示选项中选择【固定左侧】单选项，在标记显示中选择【仅文本】项。

步骤 4　继续单击【下一步】按钮，完成视频的渲染。

16.3　微视频综合案例——　《录屏软件 +PPT 微课制作》

【案例描述】

- 知识点内容简述

运用录屏软件 +PPT 的微课制作方法，其设计、制作内容主要包括几个方面。一是前期准备（包括硬件、软件的准备，PPT 设计、制件，讲稿撰写等）；二是运用录屏软件（本案例为 CS 软件）录制 PPT；三是编辑录制的视频。本知识点将详细讲述此种方法。

案例将运用到 CS 软件的录制屏幕、录制 PowerPoint、画中画、剪辑箱、时间轴、音频、光标效果和生成视频等主要功能。

- 技术实现思路

制作讲解"录屏软件 +PPT 微课制作"的演示文稿并写出讲解脚本；运用 CS 软件的录制 PowerPoint 功能，将 PPT 录制为视频，同时用摄像头录制讲解者的讲解画面，形成画中画；运用录制屏幕功能将 PowerPoint 中对 CS 工具栏的讲解录制为视频；运用光标效果为视频中的光标添加光标效果；编辑视频，最终生成视频。

制作完成的视频参见 ..\16.3\ 录屏软件 +PPT 微课制作 .mp4。

【案例实施】

- 知识点内容脚本

当前，录屏软件 +PPT 的微课制作运用得比较多。制作的基本流程是设计制作 PPT、运用录屏软件录制 PPT、编辑生成的视频，最终生成微课视频。

1. 前期准备

前期准备工作主要包括硬件准备、软件准备和讲稿准备 3 个方面。

（1）硬件准备

硬件准备主要包括电脑、麦克风等。

（2）软件准备

软件准备主要是录屏软件的获取与安装。

（3）PPT 制作

（4）讲稿准备

运用 CS 软件录制 PPT 前，一定要对所讲的内容撰写讲稿提纲。

2. 录制 PPT

（1）启动录制 PPT

启动 CS 软件，在 CS 软件主页面，单击工具栏中的【录制 PowerPoint】按钮，Camtasia Studio 8.5 会自动打开 PowerPoint 软件。在 PowerPoint 软件中单击【加载项】菜单，会出现 CS 工具栏。

（2）CS 工具栏功能与使用

CS 工具栏包括录制按钮、麦克风按钮、摄像头按钮、摄像头预览按钮、录制选项按钮和帮助按钮。

（3）打开 PPT 并录制

打开要录制的 PPT 演示文稿，单击工具栏中的【录制按钮】按钮，演示文稿开始播放。此时，演示文稿播放窗口的右下角出现一个小提示窗口，在这个小提示窗口里可以看到录制 PPT 时的麦克风音量状态、单击开始录制按钮、暂停录制的快捷键 Ctrl+Shift+F9、停止快捷键 Ctrl+Shift+F10 或 Esc 键。单击【点击开始录制】按钮，就开始录制 PPT 了。

（4）录制文件保存

录制完 PPT 之后，按 Esc 键，再单击【停止录制】按钮，就完成了 PPT 的录制。在保存窗口中输入要保存的文件名，单击【保存】按钮生成 *.trec 录像文件或生成 *.avi 视频文件。

文件生成后，系统会提示是否进行编辑。

3. 编辑微课

运用 CS 软件录完 PPT 后，往往需要对录制的视频再进一步编辑。编辑完成视频后，生成最终视频。

通过以上步骤，就完成了一个录屏软件 +PPT 微课制作的全过程。

· CS 案例实现

1. 开启光标效果

步骤 1 在 CS 软件中，单击工具栏中的【录制屏幕】按钮，打开 CS 录像机。

步骤 2 在录像机窗口中选择【工具】>【录制工具栏】命令，打开录制工具栏窗口。

步骤 3 在录制工具栏窗口中勾选【效果】选项，开启光标效果。

2. CS 录制 PPT

步骤 1 在 CS 软件中，执行【工具】>【选项】命令，打开【选项】窗口，在【合作】选项卡中，勾选了【启用 PowerPoint 加载】多选项，即打开 Camtasia Studio 录制 PPT 插件。

步骤 2 单击 CS 软件工具栏中【录制屏幕】>【录制 PowerPoint】菜单，打开 PowerPoint 软件。

步骤 3 在 PowerPoint 中执行【文件】>【打开】命令，打开（..\16.3\ 录屏软件 +PPT 微课制作 .ppt）演示文稿。

步骤 4 单击 PowerPoint 主菜单中的【加载项】菜单，打开 Camtasia Studio 录制 PPT 插件。

步骤 5 用鼠标单击插件中的【Camtasia Studio：录制音频】按钮和【Camtasia Studio：录制摄像头】按钮，使这两个按钮处于被按下状态。

这样 CS 软件就会在录制 PPT、讲解声音的同时，把讲解人这一外部画面一同录入视频。

步骤 6 用鼠标单击插件中的【录制】按钮，演示文稿处于播放状态，屏幕右下角打开 CS 录制询问窗口，在窗口中调节滑块来调节麦克风音量，然后单击【点击开始录制】按钮，开始幻灯片录制。

录制过程中，录制者针对每张幻灯片依据前述知识点内容脚本进行讲解，用键盘上的 PageDown 键翻页。（说明：此录制过程中，跳过"（二）CS 工具栏功能与使用"内容的录制，该内容通过第 3 部分 CS 录制屏幕完成，生成的文件为"CS 工具栏功能与使用 .trec"，此文件用于第 7 部分媒体编辑时使用。）

录制过程中可使用的几组快捷键，如 Ctrl+Shift+F9 为暂停、Ctrl+Shift+F10（或 Esc 键）为停止。

步骤 7 整个演示文稿录制完毕，弹出对话框询问下一步操作，是【停止录制】还是【继续录制】，单击【停止录制】按钮，打开【保存文件】对话框。

步骤 8 在【保存文件】对话框中，设置保存为（..\16.2\ 录屏软件 +PPT 微课制作 .trec）文件。

3. CS 录制屏幕

步骤 1 启动 CS 软件，单击工具栏中的【录制屏幕】按钮，打开 CS 软件的录像机。

步骤 2 设置录像机的【选择区域】为【自定义】，取消【尺寸】的纵横比锁定，用鼠标单击【自定义】右侧的下拉箭头，在打开的快捷菜单中勾选【锁定到应用程序】项。

这样在 CS 录制屏幕时，就只会录制当前激活的窗口（本案例中为 PPT 窗口），同时随着激活窗口的放大、缩小、移动等改变录制的区域。

步骤 3 设置录像机的【录制输入】中【音频开】的状态并调整音量，单击红色【rec】录制按钮，开始录制。

当开始录制后，将"（二）CS 工具栏功能与使用"这个问题的讲解录制为视频。

步骤 4 全部操作录制完成，单击录像机工具栏中的【停止】按钮或按 F10 键结束录制，在弹出的预览窗口中选择【保存并编辑】选项，打开【保存文件】对话框。

步骤 5 在【保存文件】对话框，保存为（..\16.3\ CS 工具栏功能与使用 .trec）文件。

4. 轨道操作

步骤 1 此时在 CS 软件的剪辑箱中，有"录屏软件 +PPT 微课制作 .trec"和"CS 工具栏功能与使用 .trec"两个媒体文件，用鼠标拖动的方式将"录屏软件 +PPT 微课制作 .trec"文件拖到轨道 1 上。此时，时间轴上有 3 个轨道：系统音频的音频轨道（默认情况下为轨道 1）、PPT 画面轨道（默认情况下为轨道 2）和摄像头录制讲解者的画面轨道（默认情况下为轨道 3）。

步骤 2 选择轨道 2 并在轨道名称上单击鼠标右键，在打开的快捷菜单中选择【重命名轨道】命令，两个轨道名称改为"画面"，选择轨道 3 并用同样的方法将轨道名称改为"视频"。

步骤 3 选择轨道 1 上的媒体，然后按键盘上的 Delete 键，将媒体从轨道上删除，在轨道 1 上单击鼠标右键，在打开的快捷菜单中选择【删除空轨道】命令，把该轨道删除。

步骤 4 选择"视频"轨道并选中该轨道上的媒体，在媒体上单击鼠标右键，在打开的快捷菜单中选择【独立视频和音频】命令，此时"视频"轨道为摄像头录制的画面，而新生成的轨道 3 则是讲解的音频，将轨道 3 更名为"音频"。

5. 音频编辑

步骤 1 选择"音频"轨道上的媒体，单击编辑器中的【音频】选项，打开音频窗口，此时轨道上的音频媒体上增加了一个音频点，将鼠标移至两个音频点的连线上，按下鼠标的左键向上拖动，增大整个音频的音量至合适。

步骤 2 在音频窗口中，勾选【启用噪声消除】选项，对整个音频降噪。

6. 画布操作

步骤 1 选择"画面"轨道上的媒体，在画布窗口中用鼠标拖动媒体上的圆句柄，使画面充满整个画布。

步骤 2 选择"视频"轨道上的媒体，在画布窗口中用鼠标拖动媒体上的圆句柄，使画面（录制 PPT 时摄像头录制的画面）占据画布右下角一个区域。

7. 媒体编辑

步骤 1 将播放头定位于 00:03:44;14 处，单击【编辑】>【分割全部】菜单，将 3 个轨道上的媒体一次性从此分成两段。

步骤 2 按下 Ctrl 键并用鼠标单击的方式，分别选择 3 个轨道上后一段媒体，按下鼠标左键向右拖动，使 3 个轨道上留出一定的时间段。

步骤 3 从 CS 剪辑箱中，用鼠标拖动的方式将"CS 工具栏功能与使用 .trec"文件拖到"画面"轨道上。此时，系统音频占据了"画面"轨道，而通过 CS 录制屏幕功能获得的视频占据了"视频"轨道。

步骤 4 将"画面"轨道上的系统音频删除。

步骤 5 选择"视频"轨道上的媒体，在媒体上单击鼠标右键，在打开的快捷菜单中选择【独立视频和音频】命令，此时"视频"轨道上为录制屏幕的画面，"音频"轨道上为讲解的音频。

8. 光标编辑

步骤 1 选择"视频"轨道上录制屏幕画面的那一段媒体。

步骤 2 在 CS 编辑器中单击【光标效果】选项，打开【光标效果】窗口。

步骤3　在【光标效果】窗口中勾选【鼠标是否可见】选项；用鼠标来调整【鼠标大小】右侧的水平滚动条上的滑块，设置鼠标大小值为3.00。

步骤4　单击【突出效果】左侧的箭头，在下拉列表项中选择【突出显示】项，调整突出显示的尺寸值为40，放大值为80，边缘模糊值为10。

步骤5　单击【单击左键效果】左侧的箭头，在下拉列表项中选择【环状】项，调整环状的尺寸值为20，持续时间值为0.8，颜色值为红色。

步骤6　单击【单击右键效果】左侧的箭头，在下拉列表项中选择【环状】项，调整环状的尺寸值为20，持续时间值为0.8，颜色值为蓝色。

步骤7　单击【单击鼠标左键声音效果】前面的箭头，在【单击鼠标左键声音效果】右侧的下拉列表框中选择【Mouse click】项，即视频在播放时，单击鼠标左键时播放此声音。

步骤8　在【单击鼠标右键声音效果】右侧的下拉列表框中选择【Mouse click】项，即视频在播放时，单击鼠标右键时播放此声音。

步骤9　完成以上光标效果编辑后，单击【光标效果】窗口左上角的【添加动画】按钮，完成光标效果动画的添加。

9. CS 生成视频

步骤1　按下 Ctrl 键并用鼠标单击的方式，分别选择3个轨道上后面的片段媒体，按下鼠标左键向左拖动，使3个轨道上的片段媒体与前面的媒体对接。

步骤2　编辑完成后，单击【文件】>【生成和分享】菜单，选择【自定义生成设置】命令，根据提示进行下一步操作，完成视频的渲染。

16.4　微视频综合案例—— 《录屏软件 + 屏幕操作微课制作》

【案例描述】

· 知识点内容简述

录屏软件 + 屏幕操作的微课制作，其所表现的内容多具有演示性、操作性等特点。此类微课制作的基本流程一般包括前期硬件与软件准备、脚本设计与撰写、录制屏幕操作、编辑视频、生成微课视频等。因此，本知识点介绍的是运用"录屏软件 + 屏幕操作"的微课制作流程与方法。

案例将运用到 CS 软件的录制屏幕、画中画、剪辑箱、时间轴、光标效果和生成视频等主要功能。

· 技术实现思路

制作讲解"录屏软件 + 屏幕操作"内容的演示文稿并写出讲解脚本；运用 CS 软件的录制屏幕功能，录制 PPT、讲解和操作过程；用摄像头录制讲解者的讲解画面，形成画中画；运用光标效果为视频中的光标添加光标效果；编辑视频，最终生成视频。

制作完成的视频参见 ..\16.4\ 录屏软件 + 屏幕操作微课制作 .mp4。

【案例实施】

· 知识点内容脚本

"录屏软件 + 屏幕操作"的微课制作，其所表现的内容多具有演示性、操作性等特点，如计算机软件操作的演示、虚拟现实的演示等。此类微课制作的基本流程与方法如下。

1. 前期准备

录制屏幕操作之前，要做好硬件、软件和讲稿3个方面的准备。

（1）硬件准备

硬件准备主要包括电脑、麦克风、摄像头，同时将麦克风与摄像头安装并调试好。

（2）软件准备

软件准备主要指录屏软件和后期视频编辑软件的获取与安装。当前录屏软件、后期视频编辑软件均较多，录屏软件如 Snagit、超级录屏、Camtasia Studio 8.5 等，后期编辑软件如 Adobe Premiere Pro CS6、Camtasia Studio 8.5、会声会影等。用户可根据需要通过网络获取并进行安装。

（3）脚本设计与撰写

首先要对录制的内容、过程以及运用的素材进行充分的设计与准备，其次是撰写录制脚本与讲解提纲。

2.　录制注意事项

（1）视频录制环境

（2）视频应用环境

（3）录制错误处理

3.　录制屏幕

录制屏幕的过程通过例题来说明。以"利用幻灯片自定义放映实现演示文稿的结构控制"这一知识点的微课制作为例，演示"录屏软件＋屏幕操作"的微课制作流程。

（1）例题问题提出

（2）例题解决思路

（3）例题实现过程

步骤 1　PPT 中创建一组幻灯片，分别称作幻灯片 1 至幻灯片 5。

步骤 2　单击【幻灯片放映】>【自定义幻灯片放映】>【自定义放映】菜单，打开【自定义放映】对话框。

步骤 3　单击【新建】按钮，打开【定义自定义放映】对话框，将需要跳转的几张幻灯片，从【在演示文稿中的幻灯片】窗格添加到【在自定义放映中的幻灯片】窗格中。单击【确定】按钮，返回【自定义放映】对话框，单击【关闭】按钮，完成"自定义放映 1"的设置。

步骤 4　单击【视图】>【幻灯片母版】菜单，打开【幻灯片母版】窗口，在母版幻灯片上添加导航按钮，设置导航按钮的超级链接为"自定义放映 1"，同时勾选【显示并返回】选项，单击【确定】按钮，返回【幻灯片母版】窗口。

步骤 5　单击【关闭母版视图】按钮，完成母版的编辑。

通过以上步骤，该演示文稿在放映时，都会返回到自定义放映指定的幻灯片。

4.　编辑并生成视频

将运用录屏软件录制的视频进行后期编辑，最终生成微课视频。

· CS 案例实现

1.　CS 录制屏幕

步骤 1　启动 CS 软件，单击工具栏中的【录制屏幕】按钮，打开 CS 软件的录像机。

步骤 2　单击录像机的【选择区域】>【自定义】菜单，用鼠标单击【自定义】右侧的下拉箭头，在打开的快捷菜单中勾选【锁定到应用程序】项。

步骤 3　设置录像机的【录制输入】中【摄像头开】的状态。

步骤 4　设置录像机的【录制输入】中【音频开】的状态并调整音量。

步骤 5　单击录像机的【工具】>【录制工具栏】菜单，打开【录制工具栏】窗口，在窗口中勾选【效果】、【摄像头】、【音频】几个复选框，然后单击【确定】按钮，关闭【录制工具栏】窗口。

步骤 6　单击红色【rec】录制按钮，开始录制。

步骤 7　当开始录制时，打开（..\16.4\ 录屏软件＋屏幕操作 .PPT）演示文稿，从头开始放映并进行讲解（这样 CS 软件就会把 PPT 画面、讲解声音、摄像头获取的讲解者画面等一同录制）。

步骤 8　当讲解者讲到"（三）例题实现过程"内容时，需要按 Esc 键，使 PPT 退出放映状态，使之处于编辑幻灯片状态，讲解者就幻灯片自定义放映、母版、超级链接等内容，按前述脚本边讲边操作。

步骤 9　全部操作步骤录制完，在 PPT 中切换到放映状态，继续放映下一张幻灯片并讲解。

步骤 10　全部录制完成，单击录像机工具栏中的【停止】按钮或按 F10 键结束录制，在弹出的预览窗口中选择【保存并编辑】选项，打开【保存文件】对话框。

步骤 11　在【保存文件】对话框，保存为（..\16.4\录屏软件 + 屏幕操作 .trec）文件。

2. CS 轨道操作

步骤 1　此时在 CS 软件的剪辑箱当中，有"录屏软件 + 屏幕操作 .trec"文件，用鼠标拖动的方式将"录屏软件 + 屏幕操作 .trec"文件拖到轨道 1 上。此时，时间轴上有 3 个轨道：系统音频的音频轨道（默认情况下为轨道 1）、PPT 画面轨道（默认情况下为轨道 2）和摄像头录制讲解者的画面轨道（默认情况下为轨道 3）。

步骤 2　选择轨道 2 并在轨道名称上单击鼠标右键，在打开的快捷菜单中选择【重命名轨道】命令，该轨道名称改为"画面"，选择轨道 3 并用同样的方法将轨道名称改为"视频"。

步骤 3　选择轨道 1 上的媒体，然后按键盘上的 Delete 键，将媒体从轨道上删除，在轨道 1 上单击鼠标右键，在打开的快捷菜单中选择【删除空轨道】命令，把该轨道删除。

步骤 4　选择"视频"轨道并选中该轨道上的媒体，在媒体上单击鼠标右键，在打开的快捷菜单中选择【独立视频和音频】命令，此时"视频"轨道为摄像头录制的画面，而新生成的轨道 3 则是讲解的音频，将轨道 3 更名为"音频"。

3. CS 画布操作

选择"视频"轨道，在画布上用鼠标拖动的方法，把该轨道的"画中画"画面调整到画布的右下角的适合大小、适合位置。

4. 音频编辑

步骤 1　选择"音频"轨道上的媒体，单击选项栏中的【音频】选项，打开音频窗口，此时轨道上的音频媒体上增加了一个音频点，将鼠标移至两个音频点的连线上，按下鼠标左键向上拖动，增大整个音频的音量至合适。

步骤 2　在音频窗口中，勾选【启用噪声去除】选项，对整个音频降噪。

5. 光标编辑

步骤 1　选择"画面"轨道上的媒体。

步骤 2　在 CS 编辑器中单击【光标效果】选项，打开【光标效果】窗口。

步骤 3　在【光标效果】窗口，勾选【鼠标是否可见】选项；用鼠标来调整【鼠标大小】右侧的水平滚动条上的滑块，设置鼠标大小值为 1.00。

步骤 4　单击【突出效果】左侧的箭头，在下拉列表中选择【突出显示】项；调整突出显示的尺寸值为 30，放大值为 80，边缘模糊值为 5。

步骤 5　单击【单击鼠标左键声音效果】前面的箭头，在【单击鼠标左键声音效果】右侧的下拉列表中选择【Mouse click】命令，即视频在播放时，单击鼠标左键时播放此声音。

步骤 6　完成以上光标效果编辑后，单击【光标效果】窗口左上角的【添加动画】按钮，完成光标效果动画的添加。

6. CS 生成视频

编辑完成后，单击【文件】>【生成和分享】菜单，选择【自定义生成设置】命令，根据提示进行下一步操作，完成视频的渲染。